U0342258

辽宁科技大学学术著作出版基金资助

圆锯片振动和稳定的分析理论与方法

张德臣　孙艳平　韩二中　编著

北　京

冶 金 工 业 出 版 社

2018

内 容 提 要

本书共为9章，详细地介绍了机械阻抗的基本概念，对单自由度振动系统和多自由度振动系统进行了导纳分析，分别对直径305mm、914mm、1260mm圆锯片振动进行了解析，研究了圆锯片开槽、夹层的减振降噪效果；进行了圆锯片的线性振动和非线性振动解析，阐述了直径305mm圆锯片的稳定性问题；首次采用非线性振动理论的组合谐波振动方法（主共振点附近的组合谐波振动、和差型组合谐波振动、超和差型组合谐波振动）对旋转薄圆锯片进行了组合谐波振动分析，并研究了开槽、夹层阻尼、褶皱对于薄圆锯片行波振动的影响。

本书可作为高等院校机械专业本科生和研究生的教材，也可供机械设计与制造、锯切机械设计和操作人员以及有关专业师生参考。

图书在版编目（CIP）数据

圆锯片振动和稳定的分析理论与方法/张德臣，孙艳平，韩二中编著．—北京：冶金工业出版社，2018.12

ISBN 978-7-5024-8027-1

Ⅰ.①圆…　Ⅱ.①张…　②孙…　③韩…　Ⅲ.①圆锯片—振动分析—高等学校—教材　②圆锯片—稳定分析—高等学校—教材　Ⅳ.①TG717

中国版本图书馆 CIP 数据核字（2018）第 287431 号

出 版 人　谭学余
地　　址　北京市东城区嵩祝院北巷 39 号　邮编　100009　电话　(010)64027926
网　　址　www.cnmip.com.cn　电子信箱　yjcbs@cnmip.com.cn
责任编辑　曾　媛　美术编辑　郑小利　版式设计　孙跃红
责任校对　李　娜　责任印制　牛晓波
ISBN 978-7-5024-8027-1
冶金工业出版社出版发行；各地新华书店经销；三河市双峰印刷装订有限公司印刷
2018 年 12 月第 1 版，2018 年 12 月第 1 次印刷
169mm×239mm；12.75 印张；244 千字；189 页
59.00 元

冶金工业出版社　投稿电话　(010)64027932　投稿信箱　tougao@cnmip.com.cn
冶金工业出版社营销中心　电话　(010)64044283　传真　(010)64027893
冶金工业出版社天猫旗舰店　yjgycbs.tmall.com
（本书如有印装质量问题，本社营销中心负责退换）

前　言

振动是机器的伴侣，圆锯片在工作时必然产生振动，并由此带来噪声污染，研究圆锯片的振动规律对其减振降噪具有重要意义。圆锯片振动分析是以振动理论为基础。以振动参数为目标，应用先进的分析方法研究圆锯片的动态特性，其理论研究方法和数值分析已在冶金机械行业中得到广泛应用。本书针对圆锯片锯切过程中存在的振动噪声问题，分析了圆锯片的振动和稳定机理，对于几种常见的圆锯片进行了线性振动分析，在国内首次采用非线性振动理论的组合谐波振动方法（主共振点附近的组合谐波振动、和差型组合谐波振动、超和差型组合谐波振动）对旋转薄圆锯片进行了组合谐波振动分析，研究了开槽、夹层阻尼、褶皱对于圆锯片行波振动的影响，阐明了开槽后圆锯片减振降噪的机理，确定了圆锯片的最佳设计方案，研究了多种工况下开槽和夹层阻尼对于圆锯片行波振动的影响，对于确定最佳开槽和夹层阻尼方案奠定了理论基础，研究了带褶皱（适张处理）圆锯片的行波振动，并计算了圆锯片的临界载荷。

本书共分9章，第1章论述了机械阻抗的基本概念，用复指数表示简谐振动，分析了机电相似问题，在简谐激励作用下定义了机械阻抗，分析了力—电流相似。

第2章进行了单自由度振动系统导纳分析，进行了位移导纳特性分析，从导纳（阻抗）曲线识别系统的固有动态特性，近似勾画导纳曲线。

第3章进行了多自由度振动系统导纳分析，分析了阻抗矩阵和导纳矩阵，接地约束系统的原点和跨点导纳特性，以及自由—自由系统的导纳特性，介绍了导纳函数的实模态展开式。

　　第 4 章介绍了圆锯片减振降噪的国内外研究现况，这些研究成果对于圆锯片的减振降噪有重要参考价值。

　　第 5 章采用有限元法进行了圆锯片的线性振动分析。分别计算了直径 115mm、305mm 圆锯片未开槽直径 115mm 圆锯片和 7 种开槽直径 115mm 圆锯片未开槽直径 305mm 圆锯片和 5 种开槽直径 305mm 圆锯片的固有频率和模态；分析了槽长、开槽数和开槽方案对于圆锯片固有频率和模态影响；研究了夹层阻尼以及齿距和齿数对于圆锯片固有频率和模态影响。以上分析对于圆锯片的开槽设计有重要的指导作用。

　　第 6 章介绍了未开槽和 5 种开槽方案直径 914mm 圆锯片的行波振动，分析了开槽后该圆锯片降低噪声 19dB 的机理，确定了最佳的开槽设计方案，研究了 3 种夹层阻尼情况下直径 914mm 圆锯片的行波振动；研究了开槽和有夹层阻尼直径 914mm 圆锯片的行波振动规律。以上分析对于圆锯片的最优化设计具有指导意义。

　　第 7 章对直径 914mm 圆锯片的非线性振动进行了介绍，分析了未开槽、开槽、夹层阻尼、开槽且夹层阻尼情况下的直径 914mm 圆锯片的组合谐波振动（包括主共振点附近的组合谐波振动、和差型组合谐波振动、超和差型组合谐波振动），对研究圆锯片的组合谐波振动规律具有重要意义。

　　第 8 章基于 ANSYS 软件的线性屈曲分析，计算了直径 1260mm 圆锯片的临界载荷，其对于圆锯片的稳定性分析具有重要价值。

　　第 9 章对带褶皱的直径 180mm 圆锯片的振动进行了计算，研究了褶皱对于圆锯片固有频率和模态的影响，为设计带褶皱圆锯片提供了理论指导。

　　本书由辽宁科技大学张德臣、孙艳平和东北大学韩二中编著，具体编写分工如下：张德臣教授全面指导本书的编写工作并编写 4~9 章，所指导的硕士研究生樊勇、孙传涛、王艳天和张科丙进行了圆锯片的振动理论研究和有限元模拟分析；孙艳平副教授编写 1~3 章，以及校对本书成稿；韩二中教授对本书的编写给予指导，为本书的顺利出版奠定了基础。本书主要面向工科研究生及科研技术人员，故在写作过程中尽量保证基础理论完整性，避免复杂公式的推导，力求简单、精练、易懂。

感谢辽宁科技大学校领导、发展规划处领导和机械学院领导的鼓励和支持，感谢辽宁科技大学学术著作出版基金资助。感谢辽宁科技大学硕士研究生樊勇、孙传涛、王艳天和张科丙为本书内容的研究所做的工作。

由于作者水平所限，不足之处在所难免，衷心希望读者批评指正。

作　者

2018 年 5 月

目 录

1 机械阻抗的概念

机械阻抗方法是根据机械振动系统和正弦交流电路之间具有相似关系，把研究电路的一些方法移置到机械振动系统中而逐渐形成的。它们的运动用类似的常微分方程描述。随着自动控制理论的发展，机械振动系统中的机械阻抗概念又扩大而成为传递函数，更加抽象。为了使读者了解机械阻抗概念的物理意义以及方法的发展过程，专门设置本章。同时，本章还介绍一些机—电相似的知识，对于研究机电相互转换理论，对设计研究这种系统也是有重要作用的。

线性机械振动系统，在简谐激振作用下，其振动响应是简谐的，响应的频率和激振的频率相同，响应的振幅和相位与系统的参数有关。在机械阻抗方法中，简谐函数用复数、复指数的形式表示，使公式推导简捷，概念清楚。

1.1 简谐振动的复指数表示

1.1.1 旋转矢量表示法

$$y = A\sin(\omega t + \alpha) \tag{1-1}$$

式（1-1）表示沿 y 轴方向在原点附近的 m 点的运动。式中，A 为振幅；ω 为圆频率（rad/s）；α 为初相位弧度数；$\omega t + \alpha$ 为对应任意时刻 t 的相位弧度数。利用半径为 A、初相位为 α、角速度为 ω 做匀速圆周运动的 P 点的运动，可以说明 m 点做简谐运动时的概念。显然 P 点在 y 轴上投影点的运动，就是 m 沿 y 轴的运动，如图 1-1（a）所示。这时 ω 相当于匀角速度。

每秒振动（匀速转动）的次数： $f = \dfrac{\omega}{2\pi}$ （Hz）

振动周期： $T = \dfrac{1}{f}$ （s）

简谐运动的速度和加速度，通过对式（1-1）求时间 t 的导数，得

$$\dot{y} = \frac{dy}{dt} = A\omega\cos(\omega t + \alpha) = A\omega\sin(\omega t + \alpha + \frac{\pi}{2}) \tag{1-2}$$

$$\ddot{y} = \frac{d^2y}{dt^2} = -A\omega^2\sin(\omega t + \alpha) = A\omega^2\sin(\omega t + \alpha + \pi) \tag{1-3}$$

P 点的运动也可用幅值为 A、初始相位为 α、任意相位角为 $\omega t + \alpha$ 的旋转矢量端点 P 的运动表示。同样，P 点的速度和加速度可以用旋转矢量 $A\omega$、$A\omega^2$ 表示，

它们与矢量 A 的固有相位差为 $\pi/2$ 和 π。于是式（1-1）~式（1-3）表示的 m 点的位移、速度和加速度可以看成三个以 ω 逆时针旋转的矢量在 y 轴的投影，如图 1-1（b）所示。

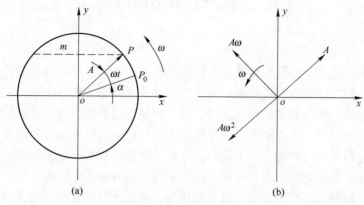

图 1-1　旋转矢量示意图

1.1.2　复数表示法

平面上的矢量可以用复数表示（图 1-2）。取水平轴为实数轴，取铅垂轴为虚数轴，则复数：

$$z = x + iy \tag{1-4}$$

代表复数平面上一个点 A 的位置。$i = \sqrt{-1}$ 是虚数单位，有时也用 j 表示。x 与 y 分别为实部、虚部，且均为实数，iy 是纯虚数。

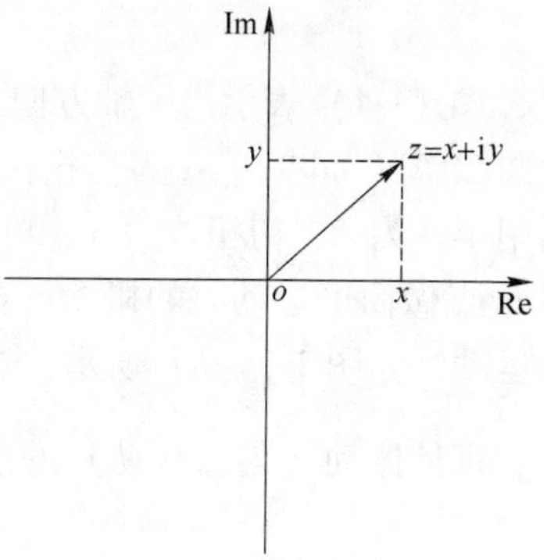

平面上点 A 的位置，用矢量 OA 表示，矢量 OA 的模，等于复数的模 $|z|$，矢量的位置用幅角 φ 表示，取逆时针为正。复数的模及幅角与复数的实部 x 和虚部 y 之间的关系为：

$$|OA| = |z| = \sqrt{x^2 + y^2} \qquad \tan\varphi = \frac{y}{x}$$

$$x = |z|\cos\varphi \qquad y = |z|\sin\varphi \tag{1-5}$$

复数也可以用模及幅角来表示，即

$$z = |z| \angle \varphi \tag{1-6}$$

由欧拉公式

$$e^{i\varphi} = \cos\varphi + i\sin\varphi \tag{1-7}$$

则

$$z = |z|e^{i\varphi} = |z|\cos\varphi + i|z|\sin\varphi \tag{1-8}$$

用复指数表示简谐振动：

图 1-2　复数矢量示意图

复数的幅值等于振幅，复数的幅角等于相角，则有

$$|z| = A \qquad \varphi = \omega t + \alpha \tag{1-9}$$

于是 $z = x + iy = A\cos(\omega t + \alpha) + iA\sin(\omega t + \alpha)$

$$x = A\cos(\omega t + \alpha) = \mathrm{Re}(z)$$

$$y = A\sin(\omega t + \alpha) = \mathrm{Im}(z) \tag{1-10}$$

复数的实部和虚部均为简谐振动。式（1-1）表示的简谐振动是复数的虚部。由欧拉公式

$$z = A\mathrm{e}^{\mathrm{i}(\omega t + \alpha)}$$

$$= A\mathrm{e}^{\mathrm{i}\omega t} \cdot \mathrm{e}^{\mathrm{i}\alpha}$$

$$= (A\mathrm{e}^{\mathrm{i}\alpha}) \cdot \mathrm{e}^{\mathrm{i}\omega t}$$

$$= \tilde{A}\mathrm{e}^{\mathrm{i}\omega t} \tag{1-11}$$

其中 $\tilde{A} = A\mathrm{e}^{\mathrm{i}\alpha}$，$\tilde{A}$ 既表示旋转矢量的幅值，又表示它的相位差，称为复数振幅。这种表示法在研究若干个同频率振动的旋转矢量间的关系时，比较方便。

1.1.3 单位旋转因子

根据复数乘法定理，矢量在复平面内的转动，可以看成与单位旋转因子的乘积。

定义：模等于单位 1，幅角等于 φ 的复数，称为单位旋转因子。记为 $\mathrm{e}^{\mathrm{i}\varphi} = 1\angle\varphi$。

任意复数与单位旋转因子的乘积，等于将原来的复数逆时针旋转 φ 角度。如 $A = |a|\mathrm{e}^{\mathrm{i}\varphi_a}$ 与单位旋转因子 $\mathrm{e}^{\mathrm{i}\varphi}$ 之积：

$$A \cdot \mathrm{e}^{\mathrm{i}\varphi} = |a|\mathrm{e}^{\mathrm{i}\varphi_a} \cdot \mathrm{e}^{\mathrm{i}\varphi} = |a|\mathrm{e}^{\mathrm{i}(\varphi_a + \varphi)}$$

当 φ 为特殊角度 $\varphi = \pi/2$、$-\pi/2$、π 时，由欧拉公式（1-7）得

$$\mathrm{e}^{\mathrm{i}\varphi} = \cos\varphi + \mathrm{i}\sin\varphi$$

$$\mathrm{e}^{\mathrm{i}\frac{\pi}{2}} = \cos\frac{\pi}{2} + \mathrm{i}\sin\frac{\pi}{2} = \mathrm{i}$$

$$\mathrm{e}^{\mathrm{i}\left(-\frac{\pi}{2}\right)} = \cos\left(-\frac{\pi}{2}\right) + \mathrm{i}\sin\left(-\frac{\pi}{2}\right) = -\mathrm{i}$$

$$\mathrm{e}^{\mathrm{i}\pi} = \cos\pi + \mathrm{i}\sin\pi = -1 \tag{1-12}$$

式中，i 为逆时针旋转 $\pi/2$ 的旋转因子；$-$i 为顺时针旋转 $\pi/2$ 的旋转因子；-1 为逆（顺）时针旋转 π 的旋转因子。

又 $\dfrac{1}{\mathrm{i}} = \dfrac{\mathrm{i}}{\mathrm{i} \cdot \mathrm{i}} = -\mathrm{i}$，相当于顺时针转 $\pi/2$ 的旋转因子。

简谐振动的位移、速度和加速度旋转矢量之间的关系为：

$$z = Ae^{i(\omega t+\alpha)} \tag{1-13}$$

$$\dot{z} = iA\omega e^{i(\omega t+\alpha)} \tag{1-14}$$

$$\ddot{z} = -A\omega^2 e^{i(\omega t+\alpha)} \tag{1-15}$$

$\dot{z}$ 比 z 超前 $\pi/2$，$\ddot{z}$ 比 z 超前 π。

位移、速度和加速度旋转矢量之间的关系，如图 1-3 所示。

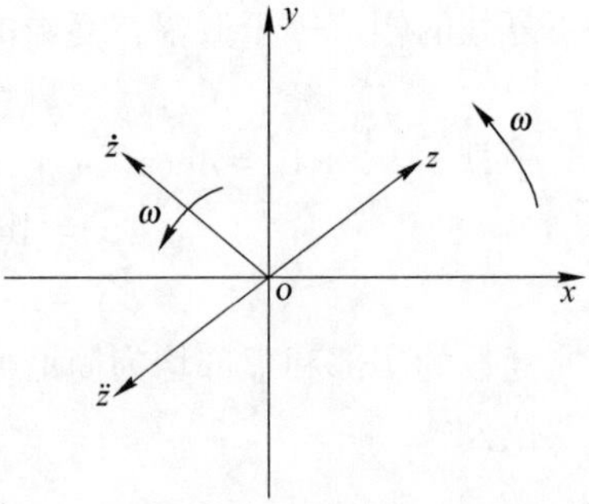

图 1-3　用旋转矢量表示的位移、速度、加速度示意图

1.2　机电相似

1.2.1　串联谐振电路

串联谐振电路由已知的电阻 R、电感 L 和电容 C 组成，如图 1-4 所示。两端有简谐激励电压 $u = |u_m|\sin(\omega t + \varphi_u)$ 的作用，试求回路中的稳态回路电流和回路阻抗。

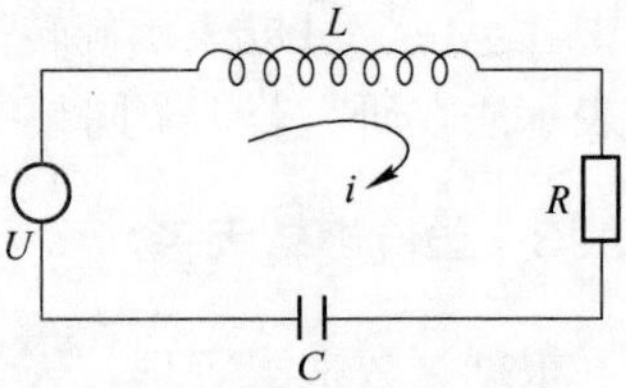

图 1-4　串联谐振电路图

由于线性系统稳态响应的频率和激励频率相同，回路稳态电流为

$$i = |I_m|\sin(\omega t + \varphi_i) \tag{1-16}$$

根据基尔霍夫电压定律：电路的任一闭合回路中，在每一瞬时各元件上电压差的代数和为零，即

$$\sum u_i = 0 \tag{1-17}$$

$$u = u_R + u_L + u_C$$

式中，u_R、u_L、u_C 分别为电阻、电感和电容两端的电位差，下面分别求出这些值。把电压、电流及其导数和积分的简谐量用复指数表示：

$$u = |u_m|e^{j\varphi_u}e^{j\omega t} \tag{1-18}$$

$$i = |I_m|e^{j\varphi_i}e^{j\omega t} \tag{1-19}$$

$$\begin{aligned}\frac{di}{dt} &= |I_m|\omega\sin\left(\omega t + \varphi_i + \frac{\pi}{2}\right)\\ &= |I_m|\omega e^{j\left(\varphi_i+\frac{\pi}{2}\right)}\ e^{j\omega t}\\ &= j|I_m|\omega e^{j\varphi_i}e^{j\omega t}\end{aligned} \tag{1-20}$$

$$\begin{aligned}\int_0^t i dt &= \int_0^t |I_m|e^{j\varphi_i}e^{j\omega t}dt\\ &= \frac{1}{j\omega}|I_m|e^{j\varphi_i}e^{j\omega t}\end{aligned} \tag{1-21}$$

在电阻、电感和电容两端的电位差分别为:

$$u_R = R \cdot i = R |I_m| e^{j\varphi_i} e^{j\omega t} \tag{1-22}$$

$$u_L = L \frac{di}{dt} = j\omega L |I_m| e^{j\varphi_i} e^{j\omega t} \tag{1-23}$$

$$u_C = \frac{1}{C} \int_0^t i dt = \frac{1}{j\omega C} |I_m| e^{j\varphi_i} e^{j\omega t} \tag{1-24}$$

u_R 与电流同相位,u_L 超前电流 90°,u_C 则落后电流 90°。代入式 (1-17) 中,两端消去 $e^{j\omega t}$ 得:

$$L \frac{di}{dt} + Ri + \frac{1}{C} \int_0^t i dt = u \tag{1-25}$$

$$\left[R + j\left(\omega L - \frac{1}{\omega C}\right) \right] |I_m| e^{j\varphi_i} = |u_m| e^{j\varphi_u} \tag{1-26}$$

$$Z(\omega) = \left[R + j\left(\omega L - \frac{1}{\omega C}\right) \right] = \frac{|u_m| e^{j\varphi_u}}{|I_m| e^{j\varphi_i}} = \frac{\tilde{u}}{\tilde{I}} \tag{1-27}$$

称 $Z(\omega)$ 为复阻抗。当回路参数已知时,是 ω 的函数。$\tilde{u} = u_m < \varphi_u$,$\tilde{I} = I_m < \varphi_i$ 为激励电压及响应电流的复振幅。即复阻抗 Z 为电路端电压的复振幅与电路中电流复振幅之比。简言之,为输入电压(复量)与输出电流(复量)之比。电流可表示为:

$$|I_m| \angle \varphi_i = \frac{|u_m| \angle \varphi_u}{|Z_m| \varphi_z} \tag{1-28}$$

复阻抗可以写成模及幅角的形式:

$$|Z_m| = \sqrt{R^2 + \left(\omega L - \frac{1}{\omega C}\right)^2} \tag{1-29}$$

$$\varphi_z = \tan^{-1}\left(\frac{\omega L - \frac{1}{\omega C}}{R}\right) \tag{1-30}$$

用矢量图表示这些量之间的关系,如图 1-5 所示,图中表示元件的阻抗:

Z_R ——电阻的阻抗与电流同相,数值等于 R;

X_L ——电感的阻抗比电流超前 90°,数值等于 ωL,记为 $j\omega L$;

X_C ——电容的阻抗比电流落后 90°,其数值等于 $1/(\omega C)$,记为 $1/(j\omega C)$ 或 $-j/(\omega C)$。

1.2.2 力—电压相似

力—电压相似是机—电间的第一类相似,是直接相似,是以机械阻抗与电路阻抗间的模拟建立起的相似关系。

两个本质不同的物理系统,能用同一个方程描述时,表明这两个系统是相似

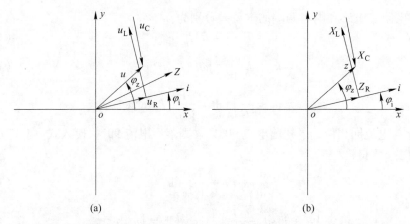

图 1-5 回路中各元件中的电压降（a）和阻抗（b）的矢量关系图

系统。利用相似关系，非电系统可以化为相似的电路系统研究，这样有不少优点：将复杂的系统化为便于分析的电路图，用电路中已有的理论，如网络理论、阻抗理论等，来分析这个实际系统，从而预知某个系统的特性。同时，还可以用实际电路模拟原有物理系统，通过实验掌握电路的特性，从而预知原物理系统的特性。这种模拟电路更换元件方便，经常用来研究参数变化对系统的影响。

如图 1-6 所示，建立弹簧质点阻尼振子的运动方程。由达朗贝尔原理：任意时刻虚加于质点上的惯性力与作用于质点上的激励力 f、弹簧力 f_K 和阻尼力 f_C 满足平衡方程，即

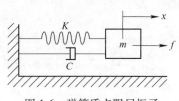

$$\sum f_i = 0$$

$$f_m + f_C + f_K + f = 0 \qquad (1\text{-}31)$$

图 1-6 弹簧质点阻尼振子运动示意图

式中　f_m——质点的惯性力，$f_m = -m\dfrac{\mathrm{d}^2 x}{\mathrm{d}t^2}$；

　　　f_C——阻尼器对质点的阻尼力，$f_C = -c\dot{x}$；

　　f_K——作用给质点的弹簧力，$f_K = -kx = -k\displaystyle\int_0^t \dot{x}\,\mathrm{d}t$；

　　f——作用于质点的简谐激励力，$f = |F|\mathrm{e}^{\mathrm{j}\omega t}$。

将这些力代入式（1-31）中，得到：

$$m\frac{\mathrm{d}\dot{x}}{\mathrm{d}t} + c\dot{x} + K\int_0^t \dot{x}\,\mathrm{d}t = f \qquad (1\text{-}32)$$

$$L\frac{\mathrm{d}i}{\mathrm{d}t} + Ri + \frac{1}{c}\int_0^t i\,\mathrm{d}t = u \qquad (1\text{-}33)$$

因为　　　　$i = \dfrac{\mathrm{d}q}{\mathrm{d}t}$，$\ddot{x} = \dfrac{\mathrm{d}\dot{x}}{\mathrm{d}t}$，$\displaystyle\int_0^t \dot{x}\,\mathrm{d}t = x$

所以

$$\left.\begin{array}{l} L\ddot{q} + R\dot{q} + \dfrac{1}{C}q = u \\[2mm] m\ddot{x} + c\dot{x} + Kx = f \end{array}\right\} \tag{1-34}$$

已知激励力为简谐力，响应的频率也相等，具有相位差，设

$$\dot{x} = \left|\dot{X}_{\mathrm{m}}\right|\mathrm{e}^{\mathrm{j}(\omega t + \varphi_{\mathrm{v}})} = \left|\dot{X}_{\mathrm{m}}\right|\mathrm{e}^{\mathrm{j}\varphi_{\mathrm{v}}}\mathrm{e}^{\mathrm{j}\omega t} \tag{1-35}$$

则

$$\ddot{X} = \mathrm{j}\left|X_{\mathrm{m}}\right|\omega\mathrm{e}^{\mathrm{j}(\omega t + \varphi_{\mathrm{v}})} \tag{1-36}$$

$$X = \int \dot{x}\mathrm{d}t = \frac{\left|X_{\mathrm{m}}\right|}{\mathrm{j}\omega}\mathrm{e}^{\mathrm{j}(\omega t + \varphi_{\mathrm{v}})} \tag{1-37}$$

分别代入上式中，并消去 $\mathrm{e}^{\mathrm{j}\omega t}$，得

$$\left[C + \mathrm{j}\left(\omega m - \frac{K}{\omega}\right)\right]\left|X_{\mathrm{m}}\right|\mathrm{e}^{\mathrm{j}\varphi_{\mathrm{v}}} = \left|F\right|\mathrm{e}^{\mathrm{j}0} \tag{1-38}$$

$$ZV(\omega) = \left[C + \mathrm{j}\left(\omega m - \frac{K}{\omega}\right)\right] = \frac{F\angle 0}{\left|\dot{X}_{\mathrm{m}}\right|\angle\varphi_{\mathrm{v}}} = \frac{\tilde{f}}{\tilde{\dot{X}}} \tag{1-39}$$

式中，$ZV(\omega)$ 为机械阻抗（速度阻抗）等于简谐激励力的复振幅与速度响应复振幅之比，当参数 m、C、K 一定时，为激励频率 ω 的函数。

由此可见，由弹簧 K、阻尼 C 和质量 m 组成机械系统的运动，与 $R—L—C$ 串联谐振系统的运动，可用同样的微分方程（1-34）描述，是相似系统。它们的各种量之间是相似的，见表 1-1。

表 1-1　各量相似对应关系

机械系统		电路系统
力 f	⟷	电压 u
速度 $\dot{X}$	⟷	电流 i
质量 m	⟷	电感 L
阻尼 C	⟷	电阻 R
弹簧刚度 K	⟷	电容导数 $1/C$
速度阻抗 Z_{v}	⟷	电路阻抗 Z

常把这样一组机—电间的相似关系，简称为力—电压和速度—电流相似。

1.3　简谐激励作用下机械阻抗的定义

1.3.1　机械阻抗

按照电路中阻抗的概念可以建立机械振动系统中机械阻抗的概念。根据简谐激励作用时，稳态输出量可以是位移、速度或加速度，机械阻抗又分为位移阻

抗、速度阻抗和加速度阻抗三种。

位移阻抗是每单位位移响应所需要的激振力，也叫做动刚度（Dynamic Stiffness），记为

$$ZD = \frac{\widetilde{F}}{\widetilde{X}} = \frac{|F| \angle \varphi_F}{|X_m| \angle \varphi_X} = \frac{激励力的复振幅}{响应位移的复振幅} \tag{1-40}$$

动刚度的物理概念较明显，静刚度表示每单位变形所需的外力。动刚度则表示每单位动态变形所需要的简谐式动态力。

机械系统由弹簧质量组成，所具有动态特性动刚度与频率有关，机床在各种转速下工作，机床的动刚度对切削质量有影响。

速度阻抗是每单位速度响应所需要的简谐激振力，由机电相似直接导出来的阻抗，称机械阻抗（Mechanical Impedance），记为

$$ZV = \frac{\widetilde{F}}{\dot{\widetilde{X}}} = \frac{|F| \angle \varphi_F}{|\dot{X}_m| \angle \varphi_v} = \frac{激励力的复振幅}{响应速度的复振幅} \tag{1-41}$$

加速度阻抗是每单位加速度响应所需要的简谐激振力，具有质量的单位，也称视在质量（Apparent Mass），记为

$$ZA = \frac{\widetilde{F}}{\ddot{\widetilde{X}}} = \frac{|F| \angle \varphi_F}{|\ddot{X}_m| \angle \varphi_a} = \frac{激励力的复振幅}{响应加速度的复振幅} \tag{1-42}$$

阻抗这一概念不仅由相似关系而来，更具有实际物理意义。它表示单位响应所需要的激振力（包括相位），机械阻抗是频率的函数。阻抗值越大表明系统对应某个频率振动时的阻力越大，抵抗动态激励产生变形的能力也越大。

对于同一机械系统，在某给定简谐激励作用下，同一点的三种阻抗值有着确定的关系。

设简谐激振力

$$f = |F| e^{j(\omega t + \varphi_f)} \tag{1-43}$$

系统上某点的位移响应

$$X = |X_m| e^{j(\omega t + \varphi_d)} \tag{1-44}$$

速度响应和加速度响应分别为

$$\dot{X} = j\omega |X_m| e^{j(\omega t + \varphi_d)} = j\omega X \tag{1-45}$$

$$\ddot{X} = (j\omega)^2 |X_m| e^{j(\omega t + \varphi_d)} = -\omega^2 X \tag{1-46}$$

各响应相差一个因子 $j\omega$，则三种阻抗之间也相差一个因子 $1/(j\omega)$。

$$ZD = \frac{|F| \angle \varphi_f}{|X_m| \angle \varphi_d} = \frac{|F|}{|X_m|} \angle (\varphi_f - \varphi_d) \tag{1-47}$$

$$ZV = \frac{|F| \angle \varphi_f}{j\omega |X_m| \angle \varphi_d} = \frac{1}{j\omega}ZD = -j\frac{ZD}{\omega} \tag{1-48}$$

$$ZA = \frac{|F| \angle \varphi_f}{j\omega |X_m| \angle \varphi_d} = \frac{1}{j\omega}ZV = -\frac{1}{\omega^2}ZD \tag{1-49}$$

三种阻抗间的确定关系，为实际测量提供了方便，只要测出一种阻抗即可得知其余两种阻抗。

1.3.2 机械导纳（Mechanical Mobility）

电学中取电阻的倒数称为导纳，代表导电率。结构力学中，取刚度的倒数称为柔度，代表不同构件的柔软程度，单位力产生的变形，变形越大则柔度越大。同样，可以取机械阻抗的倒数称为机械导纳，位移阻抗的倒数称为位移导纳，表示动柔度（Receptance）。这样，从正反两方面认识问题，可以增进理解，为研究带来了方便。

位移导纳是每单位激励力引起的位移响应记为

$$MD = \frac{|X_m| \angle \varphi_d}{|F| \angle \varphi_f} \tag{1-50}$$

速度导纳（Velocity Mobility）是每单位激振力引起的速度响应，记为

$$MV = \frac{|\dot{X}_m| \angle \varphi_v}{|F| \angle \varphi_f} = \frac{j\omega |X_m| \angle \varphi_d}{|F| \angle \varphi_f} = j\omega MD \tag{1-51}$$

加速度导纳也称为惯性率是每单位激振力引起的加速度响应，记为

$$MA = \frac{|\ddot{X}_m| \angle \varphi_d}{|F| \angle \varphi_f} = \frac{(j\omega)^2 |X_m| \angle \varphi_d}{|F| \angle \varphi_f} = -\omega^2 MD \tag{1-52}$$

三种导纳的关系，仅相差一个 $j\omega$ 因子，知其中一个，便可推知其余，如图 1-7 所示。

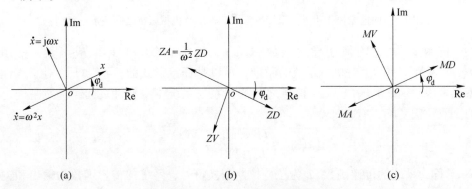

图 1-7　三种导纳的关系图

（a）某点响应的位移、速度和加速度矢量；（b）当激励力相位为零时，
某点对应的三种阻抗矢量；（c）某点的三种导纳矢量

机械导纳有着明显的物理意义，表示单位简谐激振力引起的响应（包括相位），机械导纳是频率的函数。导纳值越大，则表示在所对应的频率下振动力的阻力越小，很小的激振力能引起很大的变形。

由于简谐激振力与它对机械系统所引起的响应之间都存在相位关系，所以，阻抗（导纳）常用复变函数或矢量函数表示。

1.3.3 原点阻抗（导纳）和传递阻抗（导纳）

单点激振时作用于机械系统上只有一个激振力，会引起全系统上各点的响应。因此，在考虑阻抗（导纳）时，必须明确是哪一点激励以及哪一点响应的问题：

（1）驱动点阻抗（Driving Point Impedance），即在激振点的阻抗，定义为

$$驱动点阻抗 = \frac{驱动点激振力}{驱动点在力方向的响应量} \tag{1-53}$$

也叫原点阻抗。

（2）传递阻抗（Transfer Impedance）：

$$传递阻抗 = \frac{驱动点激振力}{其他点的响应量} \tag{1-54}$$

机械阻抗（导纳）是激励频率 ω 的函数，对于已知的常系数线性系统是一个确定的函数。用来描述在频率领域内该系统的动态特性。在简谐激振作用下，系统的输入、输出及机械阻抗之间有着完全确定的关系，用方框图 1-8 来表示。

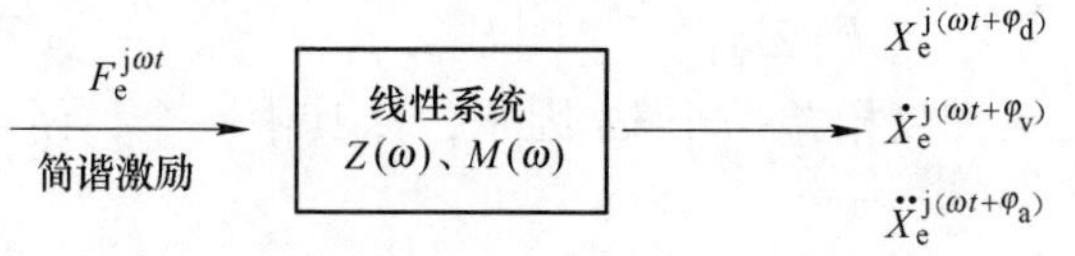

$$F_e^{j\omega t}$$
简谐激励

线性系统
$Z(\omega)$、$M(\omega)$

$X_e^{j(\omega t + \varphi_d)}$
$\dot{X}_e^{j(\omega t + \varphi_v)}$
$\ddot{X}_e^{j(\omega t + \varphi_a)}$

图 1-8 简谐激振作用下，系统的输入、输出及机械阻抗之间关系示意图

机械振动中，习惯用导纳函数 $M(\omega)$，因为它就是频率响应函数，常用 $H(\omega)$ 表示。实际上对机械系统的激励，可以是任意形式的 $f = F(t)$。对于线性系统来说，输入和输出 $X(t)$ 信息之间的关系与系统本身特性之间，仍然是确定的。取拉氏变换，有

$$H(s) = \frac{L[X(t)]}{L[f(t)]} = \frac{X(s)}{F(s)} \tag{1-55}$$

$H(s)$ 称为系统的传递函数，L 为拉普拉斯变换符号，系统的传递函数为输出和输入的拉普拉斯变换之比，式中

$$X(s) = L[X(t)] = \int_0^\infty X(t)e^{-st}dt \tag{1-56}$$

$$F(s) = L[F(t)] = \int_0^\infty F(t)e^{-st}dt \tag{1-57}$$

$s = \sigma + j\omega$ 为复数。

令 $s = j\omega$ ，这时传递函数称为频率响应函数。记为 $H(j\omega)$ 或 $H(\omega)$ ，拉氏变换变为富氏变换。频响函数为初始条件为零时，输出与输入的富氏变换之比：

$$H(j\omega) \text{ 或 } H(\omega) = \frac{F[X(t)]}{F[F(t)]} = \frac{X(\omega)}{F(\omega)} \tag{1-58}$$

其中

$$F(\omega) = F[F(t)] = \int_0^\infty F(t)e^{-j\omega t}dt \tag{1-59}$$

$$X(\omega) = F[X(t)] = \int_0^\infty X(t)e^{-j\omega t}dt \tag{1-60}$$

由于当 $t<0$ 时，有 $F(t) = 0$ ，$X(t) = 0$ 。所以，富氏变换的积分下限为 $-a$ ，而在此处取为零。

频率响应函数或位移导纳函数，在机械振动理论中，实际上就是幅频响应和相频响应曲线。它在频率域中描述了系统的动态特性。上述激励、响应和频率响应函数的确定关系，能从实测系统的输入和输出信号来研究系统的动态特性，识别系统中的参数，发展成为当前结构动力学中的试验模态参数识别技术，成为研究结构力学不可缺少的手段。

1.4 力—电流相似

1.4.1 问题的提出

力—电流相似是机—电相似关系中的第二类相似，也称为逆相似或导纳模拟。力—电压相似关系物理概念清楚。但是在利用这种相似关系，把整个机械振动系统，变换成一个与它相似的电路系统时，则没有简要明确的规律可循。例如，弹簧质量系统和电路系统如图 1-9 所示，图 1-9 （a）中的机械系统与图 1-9 （b）中的电路属于力—电压相似。描述 m_1 及 L_1 回路的运动方程分别为：

$$m_1 \frac{d\dot{x}_1}{dt} + (C_1 + C_2)\dot{x}_1 - C_1\dot{x}_2 = f \tag{1-61}$$

$$L_1 \frac{di_1}{dt} + (R_1 + R_2) - R_1 i_2 = u \tag{1-62}$$

显然，这两个方程式是相似的。怎样由机械系统得到图 1-9 （b）的电路呢？1938 年 F. A. Firesstone 提出了力—电流相似关系，利用这种关系能找到一些简单规律，很容易将一个机械系统转化成一个与之相似的机械网络，从而得到力和电流相似意义下的电路图。

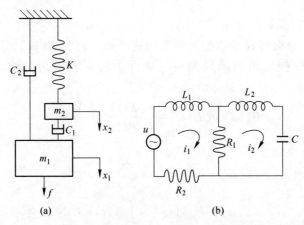

(a)　　　　　　　　　(b)

图 1-9　二自由度的弹簧质量系统（a）和振动系统相似的电路系统（b）

研究 $G—L—C$ 的并联电路，如图 1-10 所示。根据克希霍夫电流定律：在网络的任一节点，所有流出的电流等于所有流入的电流。用代数量表示，即

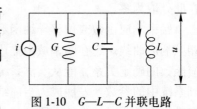

图 1-10　$G—L—C$ 并联电路

$$\sum_{k=1}^{n} i_k = 0 \qquad (1\text{-}63)$$

三支路电流 i 的和等于电源电流，列出式（1-32）和式（1-33），得

$$\begin{cases} C\dfrac{\mathrm{d}u}{\mathrm{d}t} + G_{\mathrm{u}} + \dfrac{1}{L}\displaystyle\int_0^t u\,\mathrm{d}t = i \\[3mm] L\dfrac{\mathrm{d}i}{\mathrm{d}t} + Ri + \dfrac{1}{C}\displaystyle\int_0^t i\,\mathrm{d}t = u \\[3mm] m\dfrac{\mathrm{d}\dot{x}}{\mathrm{d}t} + C\dot{x} + K\displaystyle\int_0^t \dot{x}\,\mathrm{d}t = f \end{cases} \qquad (1\text{-}64)$$

式中　G——电导，$G = \dfrac{1}{R}$，即电阻的倒数；

$C\dfrac{\mathrm{d}u}{\mathrm{d}t}$——稳态条件下电容中的电流；

G_{u}——电阻中的稳态电流，$G_{\mathrm{u}} = \dfrac{U}{R}$；

$\dfrac{1}{L}\displaystyle\int_0^t u\,\mathrm{d}t$——电感中的稳态电流。

对比这三个方程式，从数学形式上看完全相似，于是得到第二类机电相似，见表 1-2。

表 1-2 第二类机电相似关系

机械系统		电路系统
力 f	⟷	电流 i
速度 $\dot{X}$	⟷	电压 u
位移 X	⟷	磁通 ϕ
质量 m	⟷	电容 C
阻尼 c	⟷	电导 G
弹簧刚度 K	⟷	电感 L

每一组相似的对应关系，取前两项作为代表，即力—电流，速度—电压相似关系。利用这种相似关系，通过下面的对应规律，把一个机械系统转化为与之相似的电路网络：

（1）机械系统中的每个连接点，与电路中的节点相对应。

（2）通过机械元件的力与通过电路元件的电流相对应，把力看成力流。

（3）机械元件两端的相对速度与电路元件两端的电位差相对应。

（4）刚体质量看成一个连接点，与电容相对应。由于质量的速度是对地面惯性坐标系而言的。因此，规定质量的一端是接地的。

1.4.2 机械系统中元件的阻抗和导纳

机械网络是由机械元件组成，按照前面机械阻抗的定义，求机械元件的阻抗（导纳）。

1.4.2.1 理想弹簧

理想弹簧没有质量只有刚度 K（N/m）的弹簧。其两端传递的力相等，等于输入的简谐力（图 1-11）。

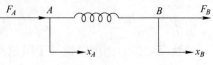

$$F_A = F_B = F e^{j\omega t} \qquad (1-65)$$

图 1-11 理想弹簧传递力示意图

输出的位移等于相对位移

$$X = X_A - X_B \qquad (1-66)$$

A 点的位移阻抗

$$ZD[K] = \frac{F e^{j\omega t}}{X} = \frac{F e^{j\omega t}}{\frac{F}{K} e^{j\omega t}} = K \qquad (1-67)$$

基于虎克定律

$$F_A = K(X_A - X_B) \qquad (1-68)$$

$$X = X_A - X_B = \frac{F_A}{K} = \frac{F}{K} e^{j\omega t} \qquad (1-69)$$

弹簧的位移阻抗等于弹簧的刚度系数。弹簧的位移导纳 $MD[K] = \dfrac{1}{ZD[K]} = \dfrac{1}{K}$，等于弹簧的柔度系数。根据速度、加速度阻抗（导纳）与位移阻抗（导纳）的关系，求弹簧的速度和加速度阻抗（导纳）：

$$ZV[K] = \frac{1}{\mathrm{j}\omega}ZD[K] = \frac{K}{\mathrm{j}\omega} = -\frac{\mathrm{j}K}{\omega} \tag{1-70}$$

$$MV[K] = \mathrm{j}\omega MD[K] = \frac{\mathrm{j}\omega}{K} \tag{1-71}$$

$$ZA[K] = \frac{1}{\mathrm{j}\omega}ZV[K] = \frac{1}{-\omega^2}ZD[K] = -\frac{K}{\omega^2} \tag{1-72}$$

$$MA[K] = \mathrm{j}\omega MV[K] = \frac{-\omega^2}{K} \tag{1-73}$$

1.4.2.2   线性阻尼器（图 1-12）

线性阻尼器是没有质量也没有弹性的黏性阻尼器。阻尼系数为 $c(\mathrm{N \cdot s/m})$。其两端传递的力等于输入的简谐激振力

$$F_A = F_B = F\mathrm{e}^{\mathrm{j}\omega t} \tag{1-74}$$

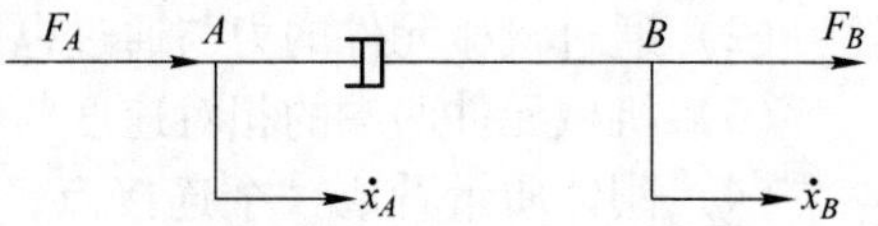

图 1-12   线性阻尼器传递力示意图

输出的速度等于两端的相对速度

$$\dot{X} = \dot{X}_A - \dot{X}_B \tag{1-75}$$

A 点的速度阻抗

$$ZV[c] = \frac{F\mathrm{e}^{\mathrm{j}\omega t}}{\dot{X}} = \frac{F\mathrm{e}^{\mathrm{j}\omega t}}{\dfrac{F}{c}\mathrm{e}^{\mathrm{j}\omega t}} = c \tag{1-76}$$

因为

$$F_A = c(\dot{X}_A - \dot{X}_B) = c\dot{X} \tag{1-77}$$

线性阻尼器的速度阻抗等于阻尼系数。所以线性阻尼器的速度导纳为：

$$MV[c] = \frac{1}{ZV[c]} = \frac{1}{c} \tag{1-78}$$

线性阻尼器的位移和加速度阻抗（导纳）由速度阻抗乘、除 $\mathrm{j}\omega$ 因子得到：

$$ZD[c] = \mathrm{j}\omega ZV[c] = \mathrm{j}\omega c, \ ZA[c] = \frac{1}{\mathrm{j}\omega}ZV[c] = \frac{c}{\mathrm{j}\omega} \tag{1-79}$$

由导纳等于阻抗的倒数，得

$$MD[c] = \frac{1}{ZD[c]} = \frac{1}{\mathrm{j}\omega c}, \ MA[c] = \frac{1}{ZA[c]} = \frac{\mathrm{j}\omega}{c} \tag{1-80}$$

1.4.2.3   理想刚体质量

理想刚体质量的输入力与加速度方向如图 1-13 所示。理想刚体质量是没有弹性的平动质量。基于牛顿第二定律：输入力 F_A 使质量为 m 的刚体产生的加速度是 $\ddot{X}_A$，

$$F_A = m\ddot{X}_A \tag{1-81}$$

按机械阻抗定义：

$$ZA[m] = \frac{F}{\ddot{X}} = m \tag{1-82}$$

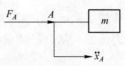

图 1-13 输入力与加速度方向示意图

刚体质量块的加速度阻抗等于质量。它的加速度导纳及其位移、速度阻抗（导纳）为：

$$MA[m] = \frac{1}{ZA[m]} = \frac{1}{m} \tag{1-83}$$

$$ZV[m] = j\omega ZA[m] = j\omega m$$

$$MV[m] = \frac{1}{j\omega}MA[m] = \frac{1}{j\omega m} \tag{1-84}$$

$$ZA[m] = j\omega ZV[m] = -\omega^2 m$$

$$MD[m] = \frac{1}{j\omega}MV[m] = \frac{1}{-\omega^2 m} \tag{1-85}$$

为了查阅方便，把弹簧、阻尼和质量等元件的机械阻抗（导纳）的公式列于表 1-3 中。

表 1-3　弹簧、阻尼和质量等元件的机械阻抗（导纳）的公式

项目	机械阻抗			机械导纳		
	弹簧	阻尼器	质量	弹簧	阻尼器	质量
位移	K	$j\omega c$	$-\omega^2 m$	$\dfrac{1}{K}$	$\dfrac{1}{j\omega c}$	$\dfrac{1}{\omega^2 m}$
速度	$\dfrac{K}{j\omega}$	c	$j\omega m$	$\dfrac{j\omega}{K}$	$\dfrac{1}{c}$	$\dfrac{1}{j\omega m}$
加速度	$-\dfrac{K}{\omega^2}$	$\dfrac{c}{j\omega}$	m	$-\dfrac{\omega^2}{K}$	$\dfrac{j\omega}{c}$	$\dfrac{1}{m}$

1.4.3　根据力—电流相似画机械网络

1.4.3.1　相似关系进一步具体化

用力—电流相似关系，绘制与机械系统相似的机械网络。由机械网络便能进一步画出相似的电路图。

力—电流相似，将力理解为机械网络中的力流，力通过弹簧及阻尼器，完全

没有损失地传递过去，由上节可见，是比较自然的。然而，当力作用于刚体质量上时，输入的合力全都产生了质量的加速度响应，就没有力流。已知牛顿第二定律是对惯性坐标系而言的，不像在研究弹簧和阻尼器时，描述两端 A、B 的坐标可以是任意选取的。因为在力—电流相似中，质量对应电路中的电容，两电容器的一端总是接地的。所以规定质量的另一端 B 为接地端，如图 1-14 所示。力流的概念同样扩大到了质量。当质量受到 F_A 力作用时，力通过质量流入公共地线。如果质量两端都连有元件，则力流的一部分经质量流入地，另一部分流入另一个元件 B，如图 1-15 所示。

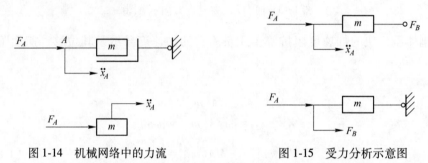

图 1-14　机械网络中的力流　　　　　图 1-15　受力分析示意图

力—电流相似关系中，还包括速度与电压的相似关系，在具体应用时需同时考虑。在电路系统中，电流流过元件，跨越元件两端产生电位差。正好与跨越弹簧、阻尼元件两端的相对速度对应。应把质量块一端接地后，A 端对 B 端的相对速度即是 A 端的绝对速度，与 A 对地的电压相对应。这样，利用电路中已有的概念，建立起机械网络的概念是比较自然的。机械中的连接点正好与电路中的节点相对应。

1.4.3.2　串并联网络的阻抗（导纳）计算

在电路中利用串并联电路公式，可以计算较为复杂的电路。在力—电流相似网络中，也可以建立类似的公式求解机械网络。按力—电流相似关系建立元件串并联公式。

并联网络（图 1-16）：

$F_A = F_B$，把力看成电流分别流入各元件支路：

$$F_A = F_1 + F_2 + \cdots + F_n \tag{1-86}$$

A、B 两端的相对速度

$$\dot{X} = \dot{X}_A - \dot{X}_B \tag{1-87}$$

A 点的总阻抗：

$$ZV = \frac{F_A}{\dot{X}} = \frac{F_1 + F_2 + \cdots + F_n}{\dot{X}} = \sum \frac{F_i}{\dot{X}} = \sum ZV_i \tag{1-88}$$

$$ZV_i = \frac{\overset{\cdot}{F_i}}{\overset{\cdot}{X}} \qquad (1-89)$$

并联网络中，总阻抗值等于诸元件
支路阻抗之和。这一结果与并联电路中
的结论相反，并联电路的总导纳等于各
支路导纳之和。

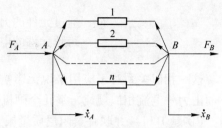

图 1-16 并联网络示意图

串联网络（图 1-17）：

力流依次流过各元件，$F_A = F_B$。各元件间相对速度 X_i 与始末端相对速度有
如下关系：

$$\overset{\cdot}{X}_A - \overset{\cdot}{X}_B = \overset{\cdot}{X}_1 + \overset{\cdot}{X}_2 + \cdots + \overset{\cdot}{X}_n \qquad (1-90)$$

根据导纳定义，始末端总导纳为

$$MV = \frac{1}{ZV} = \frac{1}{\dfrac{F}{\overset{\cdot}{X}_A - \overset{\cdot}{X}_B}} = \frac{\overset{\cdot}{X}_1 + \overset{\cdot}{X}_2 + \cdots + \overset{\cdot}{X}_n}{F} = \sum_i \frac{\overset{\cdot}{X}_i}{F} = \sum_i MV_i \qquad (1-91)$$

式中，$MV_i = \dfrac{X_i}{F}$ 为第 i 元件的导纳。串联网络总导纳的值等于诸元件导纳之和。这
一结论与串联电路的结论相反。串联电路中，总阻抗等于各元件阻抗之和。

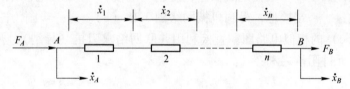

图 1-17 串联网络示意图

以上机械网络中的两个结论，与电路中的结论恰好相反，故称之为逆相似。
下面说明产生这种逆相似的原因。

机械阻抗的定义是按照力—电压相似关系建立起来的。速度阻抗定义为

$$ZV = \frac{\widetilde{F}}{\underset{\sim}{X}} = \frac{\text{输入的复激励力（电压）}}{\text{输出的复速度响应（电流）}} = \frac{\widetilde{u}}{\widetilde{i}} = Z_{\text{电}} \qquad (1-92)$$

正好与电路中的阻抗（电压复振幅/电流复振幅）相对应。而力—电流关系
相似中，仍沿用了这个定义。没有根据力—电流相似重新建立阻抗和导纳的定
义。实际上，在力—电压相似中，定义的机械阻抗正是在力—电流相似中的导
纳。由

$$ZV = \frac{\tilde{F}}{\tilde{X}} = \frac{通过元件的力流（电流）}{跨越元件的电压（电压）} = \frac{\overset{\cdot}{\tilde{i}}}{\tilde{u}} = \frac{1}{Z_{电}} = M_{电} \qquad (1\text{-}93)$$

这一相似关系对于应用来说无影响，但是与习惯上相反。要特别加以注意。下面由力—电流相似规律，举几个画机械网络的例子。

【例题 1-1】 并联弹簧阻尼质量振子受简谐激励作用的相似网络及原点阻抗（图 1-18）。

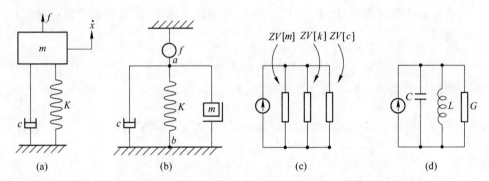

图 1-18　并联弹簧阻尼质量振子受简谐激励作用的相似网络示意图

图 1-18（a）中有两个连接点，质量和地，对应网络中的节点 a 和 b。可视为电流一端流入质量一端接地成回路，质量一端接 f，一端接地；弹簧、阻尼器一端连于质量，一端接地，得到机械网络图 1-18（b）。进一步画为图 1-18（c）及图 1-18（d）的相似电路图。直接利用并联网络求阻抗（导纳），并联网络的阻抗等于各元件阻抗之和：

$$ZV = ZV[m] + ZV[K] + ZV[C] = j\omega m + \frac{K}{j\omega} + c$$

$$= c + j\left(\omega m - \frac{K}{\omega}\right) \qquad (1\text{-}94)$$

故

$$MV = \frac{1}{ZV} = \frac{1}{c + j\left(\omega m - \dfrac{K}{\omega}\right)}$$

【例题 1-2】 串联弹簧阻尼质量系统的机械网络及原点导纳（图 1-19）。

质量一端接地，激励力一端接地，构成串联回路。串联各元件中力流不变。串联网络的总导纳等于各元件的导纳之和。

$$MV = MV[C] + MV[K] + MV[m] = \frac{1}{c} + \frac{j\omega}{K} + \frac{1}{j\omega m}$$

$$= \frac{1}{c} + j\left(\frac{\omega}{K} - \frac{1}{\omega m}\right) \tag{1-95}$$

$$ZV = \frac{1}{MV} = \frac{1}{\dfrac{1}{c} + j\left(\dfrac{\omega}{K} - \dfrac{1}{\omega m}\right)} \tag{1-96}$$

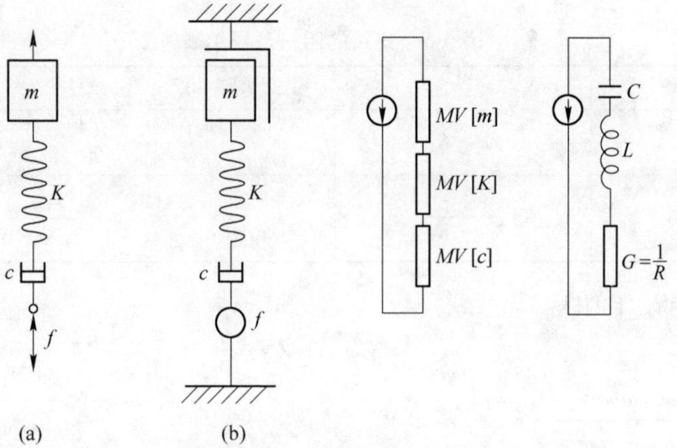

图 1-19　串联弹簧阻尼质量系统的机械网络示意图

【例题 1-3】　动力吸振器的相似网络及位移阻抗和导纳（图 1-20）。

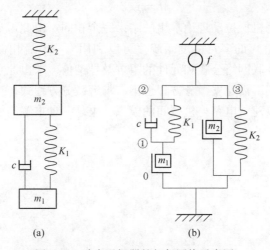

图 1-20　动力吸振器的相似网络示意图

　　根据力—电流相似关系，画出机械网络。再由串并联网络公式及元件的阻抗（导纳）求原点阻抗。为明确起见，将网络图 1-20（b）上，标注 0、①、②、③，以便表示支路的阻抗（导纳）。将元件的位移阻抗和导纳列于表 1-4 中，支路的阻抗及导纳列于表 1-5。

表 1-4   元件的位移阻抗及位移导纳表

m_1	K_1	c	m_2	K_2
$-\omega^2 m_1$	K_1	$j\omega c$	$-\omega^2 m_2$	K_2
$-\dfrac{1}{\omega^2 m_1}$	$\dfrac{1}{K}$	$\dfrac{1}{j\omega c}$	$-\dfrac{1}{\omega^2 m_2}$	$\dfrac{1}{K_2}$

表 1-5   支路的阻抗及导纳表

	②-①	②-0	③-0
Z	$j\omega c + K_1$	$\dfrac{(K_1 + j\omega c)\,\omega^2 m_1}{\omega^2 m_1 - K_1 - j\omega c}$	$-\omega^2 m_2 + K_2$
M	$\dfrac{1}{j\omega c + K_1}$	$\dfrac{1}{j\omega c + K_1} - \dfrac{1}{\omega^2 m_1}$	

激振点的位移阻抗

$$Z = Z_{2-0} + Z_{3-0} \tag{1-97}$$

$$
\begin{aligned}
Z &= \frac{(K_1 + j\omega c)\,\omega^2 m_1}{\omega^2 m_1 - K_1 - j\omega c} + (K_2 - \omega^2 m_2) \\
&= \frac{\left[(K_2 - m_2\omega^2)(K_1 - m_1\omega^2) - K_1 m_1\omega^2\right] + j\omega c(K_2 - m_2\omega^2 - m_1\omega^2)}{(K_1 - m_1\omega^2) + j\omega c}
\end{aligned}
$$

$$M = 1/Z \tag{1-98}$$

以上结果与用机械振动理论求出的结果完全相同。由此可见，对于简单集中质量（或转动惯量）的多自由度系统。可以利用力—电流相似关系画出机械网络图，再根据串并联网络公式和元件的阻抗及导纳值，求出原点阻抗或导纳。这种方法的优点是：不需建立微分方程也不需求解微分方程式，便可得到系统的稳态响应。不仅可以建立电路与机械间的模拟，也是一种求解简单振动系统稳态响应的方法。

2 单自由度振动系统导纳分析

对单自由度振动系统的导纳特性有了充分的认识后，有利于对多自由度振动系统主模态导纳的分析。

2.1 位移导纳特性分析

由第 1 章可知，弹簧阻尼质量振子在简谐激励力作用下，原点的阻抗函数和导纳函数为：

$$ZD(\omega) = \frac{\widetilde{F}}{\widetilde{X}} = K - m\omega^2 + j\omega c \tag{2-1}$$

$$MD(\omega) = \frac{\widetilde{X}}{\widetilde{F}} = \frac{1}{K - m\omega^2 + j\omega c} \tag{2-2}$$

以上均为激励频率函数，将式（2-2）两边乘以 K，并采用以下记号，化为振动理论中常见的形式：

$$\frac{K}{m} = \omega_n^2, \quad \frac{\omega c}{K} = \frac{\omega c}{\omega_n \sqrt{Km}} = 2\xi\lambda$$

$$2\sqrt{Km} = C_c, \quad \xi = \frac{c}{C_c}, \quad \lambda = \frac{\omega}{\omega_n}$$

$$KMD(\omega) = \frac{K\widetilde{X}}{\widetilde{F}} = \frac{1}{(1 - \lambda^2) + j2\xi\lambda} = \beta \tag{2-3}$$

位移导纳函数等于 $1/K$ 倍动力放大系数。导纳函数是在频率域中对稳态响应的描述，就是简谐激励下的传递函数。

应用导纳测试数据进行分析时，把导纳函数表示成：（1）幅频和相频特性；（2）实频和虚频特性；（3）矢端特性。三种表示法各有其特点。

2.1.1 幅频和相频特性

由式（2-1）分别写出阻抗函数的模和幅角及导纳函数的模和相位差

$$|ZD(\omega)| = \sqrt{(K - m\omega)^2 + (c\omega)^2}$$

$$\phi = \tan^{-1}\frac{c\omega}{K - m\omega^2}$$

$$|MD(\omega)| = \frac{1}{\sqrt{(K - m\omega^2) + (c\omega)^2}}$$

$$\phi = \tan^{-1} \frac{-c\omega}{K - m\omega^2} \tag{2-4}$$

式（2-3）表示的动力放大系数的幅频特性及相频特性曲线，在一般的振动理论书中都有介绍。下面采用具体数字的例题，介绍描绘导纳函数的幅频相频曲线的过程。

质量 $m = 2.5\text{kg}$，弹簧的刚度系数 $K = 2 \times 10^4 \text{N/m}$，阻尼系数 $c = 11\text{N} \cdot \text{s/m}$。

无阻尼固有频率

$$\omega_n = \sqrt{\frac{K}{m}} = \sqrt{\frac{2 \times 10^4}{2.5}} = 89.44 \text{rad/s}$$

$$f_n = \frac{\omega_n}{2\pi} = 14.235 \text{Hz}$$

临界阻尼 C_c 及阻尼比 ξ

$$C_c = 2\sqrt{Km} = 2\omega_n m = 447.2\text{N} \cdot \text{s/m}$$

$$\xi = \frac{c}{C_c} = \frac{11}{447.2} = 0.0246$$

$$|MD(\omega)| = \frac{1}{K\sqrt{(1 - \lambda^2)^2 + (2\xi\lambda)^2}}$$

$$\lambda = \frac{\omega}{\omega_n}$$

$$\frac{1}{K} = \frac{1}{2 \times 10^4} = 0.5 \times 10^{-4} \text{m/N}$$

$$\phi(\omega) = \tan^{-1}\left(\frac{-2\xi\lambda}{1 - \lambda^2}\right)$$

λ 取一系列值，计算出 $|MD(\omega)|$、$\phi(\omega)$ 的值（表 2-1），按频率为横坐标，画出幅频及相频特性曲线。图 2-1（a）是采用直线均匀坐标画出的幅频及相频特性曲线。图 2-1（b）是按对数坐标画出的幅频及相频特性曲线。由图可见，采用对数坐标有以下优点：

（1）扩大频率范围。机械振动系统或自动控制系统的低频特性很重要。频率采用对数坐标后，低频段范围扩大，可以看得比较细致。高频段的范围也增大，若 $f = 1000\text{Hz}$，采用直线均匀坐标时，需将图 2-1（a）水平坐标扩大到 10 倍；采用对数坐标时，只需将图 2-1（b）水平坐标扩大到 1.5 倍。

（2）扩大幅值的动态范围。当垂直坐标也采用对数坐标表示时，标尺每格按 10 倍变化，同样大小的尺寸，比直线坐标表示的尺度范围要大得多。如 1∶1000 的变化时，只需三大格。

表 2-1　λ 取一系列值相应的计算值

λ	1/10	1/$\sqrt{10}$	1/$\sqrt{2}$	1	$\sqrt{2}$	$\sqrt{10}$	10	10^2
f	1.424	4.503	10.06	14.24	20.14	45.03	142.4	14.24
$|M(\omega)|$	0.50504×10^{-4}	0.55547×10^{-4}	0.99759×10^{-4}	10.1626×10^{-4}	0.49879×10^{-4}	0.05555×10^{-6}	0.0505×10^{-6}	0.005×10^{-6}
ϕ	-0.2847	-0.9904	-3.98	-90	3.98 $-180°$	0.9903 $-180°$	0.2847 $-180°$	0.02819 $-180°$
Re(M)	0.50504×10^{-4}	0.55539×10^{-4}	0.99518×10^{-4}	0	-0.49759×10^{-4}	-0.5554×10^{-5}	-0.505×10^{-6}	-0.05×10^{-7}
Im(M)	-0.251×10^{-6}	-0.96×10^{-6}	-0.6924×10^{-5}	-10.1626×10^{-4}	0.3462×10^{-5}	-0.096×10^{-6}	0.003×10^{-6}	-0.246×10^{-13}

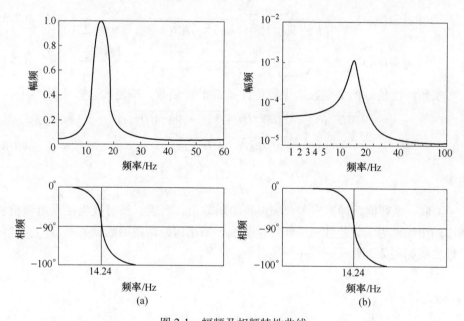

图 2-1　幅频及相频特性曲线

（a）采用直线均匀坐标画出的幅频及相频特性曲线；（b）按对数坐标画出的幅频及相频特性曲线

（3）共振峰值变缓。共振峰值附近的数据对模态分析极为重要。由于直线均匀坐标频率刻度密集，垂直幅值又直线增加，表现出的峰值很尖锐。当采用对数坐标时，水平频率坐标虽然有压缩，但垂直幅值按对数增加，故显得曲线缓慢变化，得到的数据精度更高。

（4）机械元件的导纳和阻抗特性曲线。机械元件的导纳和阻抗特性曲线，在对数坐标中称为直线，画起来比较简单；此外，在对数坐标中，幅值相乘转化为相加，易于采用分贝表示响应量级，这样与电平测量信号的方法就统一起来，在应用各种电子仪表测试时比较方便。

2.1.2 实频和虚频特性

阻抗和导纳的复变函数一般能分为实部和虚部函数，它们均为 ω 的实函数。以频率为横坐标，函数值为纵坐标所画的曲线是实频和虚频的特性曲线。将位移导纳函数的分母有理化：

$$MD(\omega) = \frac{1}{K - m\omega^2 + j\omega c} \cdot \frac{K - m\omega^2 - j\omega c}{K - m\omega^2 - j\omega c}$$

$$= \frac{K - m\omega^2}{(K - m\omega^2)^2 + (\omega c)^2} + j \frac{-\omega c}{(K - m\omega^2) + (\omega c)^2}$$

$$= \text{Re}[MD(\omega)] + j\text{Im}[MD(\omega)] \tag{2-5}$$

$$\text{Re}[MD(\omega)] = \frac{K - m\omega^2}{(K - m\omega^2)^2 + (c\omega)^2} = \frac{1 - \lambda^2}{K[(1 - \lambda^2)^2 + (2\xi\lambda)^2]} \tag{2-6}$$

$$\text{Im}[MD(\omega)] = \frac{-c\omega}{(K - m\omega^2)^2 + (c\omega)^2} = \frac{-2\xi\lambda}{K[(1 - \lambda^2)^2 + (2\xi\lambda)^2]} \tag{2-7}$$

实频特性是 ω 的偶函数，虚频特性是 ω 的奇函数。按复数运算规则，有

$$|MD(\omega)| = \sqrt{\text{Re}[MD(\omega)]^2 + \text{Im}[MD(\omega)]^2}$$

$$= \sqrt{MD(\omega) \cdot MD^*(\omega)} \tag{2-8}$$

式中
$$MD^*(\omega) = \frac{1}{K - m\omega^2 - j\omega c}$$

λ 取一系列值，计算出实频和虚频的函数值，列表，按对数坐标画出幅值和频率的图线称为实频特性和虚频特性曲线。采用前面例题的数据，画出的实虚频特性曲线如图 2-2 所示。

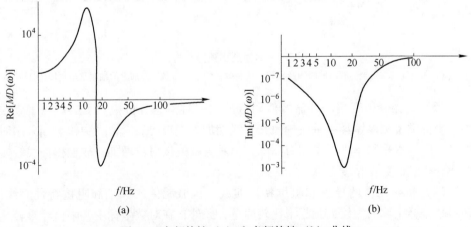

图 2-2 实频特性（a）和虚频特性（b）曲线

2.1.3 矢端图

从任一点出发，将每个频率值所对应的复导纳的幅值 $|MD(\omega)|$ 和相位 $\phi(\omega)$ 的矢量画成图形，构成复导纳矢端图，也叫奈奎斯特（Nyguist）曲线。一般在共振频率附近的复导纳矢端曲线最有意义。可以证明，在共振点附近的半功率带宽内，复导纳矢端曲线轨迹为一圆。

考虑黏性小阻尼系统，取变量 u、v 代表实部和虚部

$$u = \mathrm{Re}[MD(\omega)] = \frac{K - m\omega^2}{(K - m\omega^2)^2 + (\omega c)^2} \tag{2-9}$$

$$v = \mathrm{Im}[MD(\omega)] = \frac{-c\omega}{(K - m\omega^2)^2 + (\omega c)^2} \tag{2-10}$$

则

$$u^2 + \left(v + \frac{1}{2\omega c}\right)^2 = \frac{(K - m\omega^2)^2 + \omega^2 c^2}{[(K - m\omega^2)^2 + (c\omega)^2]^2} -$$

$$\frac{2c\omega}{2\omega c\,[(K - m\omega^2)^2 + (\omega c)^2]^2} + \left(\frac{1}{2\omega c}\right)^2 \tag{2-11}$$

$$u^2 + \left(v + \frac{1}{2\omega c}\right)^2 = \frac{1}{(2\omega c)^2} \tag{2-12}$$

圆心坐标 $\left(0, -\dfrac{1}{2}\omega c\right)$ 点，半径等于 $\dfrac{1}{2}\omega c$ 的圆，如图 2-3（a）为画出此导纳圆，需将频率比 λ 在 1 附近加以细化。由于系统的固有频率 $f_n = 14.23\mathrm{Hz}$，故在 $13 \sim 15\mathrm{Hz}$ 范围内计算 16 个频率点所对应的数据，见表 2-2。

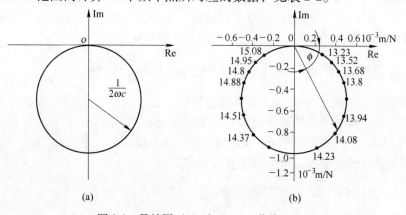

图 2-3 导纳圆（a）和 Nyquist 曲线（b）

表 2-2　13~15Hz 范围内计算 16 个频率点所对应的数据

λ	f/Hz	Re $[MD(\omega)]$	Im $[MD(\omega)]$
0.91	12.95	0.272389×10^{-3}	-0.70945×10^{-4}
0.93	13.23	0.332012×10^{-3}	-0.112447×10^{-3}
0.95	13.52	0.416992×10^{-3}	-0.199899×10^{-3}
0.96	13.66	0.467992×10^{-3}	-0.281901×10^{-3}
0.97	13.80	0.512097×10^{-3}	-0.413525×10^{-3}
0.98	13.94	0.50863×10^{-3}	-0.619274×10^{-3}
0.99	14.08	0.359403×10^{-3}	-0.879689×10^{-3}
0.995	14.16	0.19982×10^{-3}	-0.98065×10^{-3}
1.0	14.23	0	-1.0126×10^{-3}
1.01	14.37	-0.349771×10^{-3}	-0.864719×10^{-3}
1.02	14.51	-0.486677×10^{-3}	-0.60454×10^{-3}
1.03	14.66	-0.485115×10^{-3}	-0.403675×10^{-3}
1.04	14.80	-0.43981×10^{-3}	-0.275787×10^{-3}
1.05	14.95	-0.388994×10^{-3}	-0.196053×10^{-3}
1.06	15.08	-0.343395×10^{-3}	-0.144892×10^{-3}
1.07	15.2261	-0.304821×10^{-3}	-0.110748×10^{-3}

按表中数据逐点描绘，得图 2-3 （b） 所示的 Nyquist 曲线。在图 2-1 的幅频特性曲线上，在频率为 13~15Hz 的频带内，为一尖峰，在图 2-3 （b） 中，为一超过半圆的弧。这样，矢端图将 3Hz 的频率带宽扩成了大半个圆弧。在这个圆弧上，能够清楚地显示相差 0.14Hz 的频率变化，使频率尺度得到细化，导纳幅值随频率的变化关系显示得更为清晰，精度能提高一个数量级。同时可以看到，在共振点附近，矢端划过的弧长，随频率 f 的变化率为最大，ds/df 为最大。根据这一关系，可以在导纳圆上确定共振频率。因此，在模态分析中，采用导纳圆法，需要仪器有较高的频率分辨率，并且有频率细化的功能。

2.2　从导纳（阻抗）曲线识别系统的固有动态特性

机械系统的动态特性可以按照理论计算，也可以由振动测试数据中分析得到。通过导纳曲线测试数据，可以识别出无阻尼固有频率 ω_n、有阻尼固有频率 ω_R、阻尼比 ζ、反共振频率 ω_A 等。对多自由度系统还能识别出振型向量 $\{\phi\}$ 以及模态质量和模态刚度，称为模态参数识别。

2.2.1　识别固有频率 ω_n 和共振频率 ω_R

固有频率和共振频率是有区别的，但有时又是相等的，容易混淆。这里作者试图给出解释与定义：固有频率定义为当系统阻尼为零时的系统的固有频率；共振频率则定义为当导纳幅值为最大时系统的频率。由于位移、速度和加速度的导纳为最大值时，系统的频率不同，又分为位移共振频率、速度共振频率及加速度共振频率。

2.2.1.1 确定固有频率 ω_n

实际系统中存在有阻尼，怎样从有阻尼的系统中测出无阻尼的固有频率呢？根据位移、速度及加速度导纳曲线间的不同特性可以测出。

A 用速度导纳曲线确定 ω_n

由位移阻抗：

$$ZD(\omega) = K - m\omega^2 + \mathrm{j}\omega c \tag{2-13}$$

得速度阻抗：

$$ZV(\omega) = \frac{1}{\mathrm{j}\omega}(K - m\omega^2 + \mathrm{j}\omega c) \tag{2-14}$$

于是速度导纳：

$$MV(\omega) = \frac{1}{c + \mathrm{j}\left(m\omega - \dfrac{K}{\omega}\right)} \tag{2-15}$$

速度导纳的幅频特性及相频特性为：

$$|MV(\omega)| = \frac{1}{\sqrt{c^2 + \left(m\omega - \dfrac{K}{\omega}\right)^2}} \tag{2-16}$$

$$\phi(MV) = \tan^{-1}\frac{-\left(m\omega - \dfrac{K}{\omega}\right)}{c} \tag{2-17}$$

为求 $|MV(\omega)|$ 的最大值，求出它对 ω 的导数，然后令其等于零，即

$$\frac{\mathrm{d}|MV(\omega)|}{\mathrm{d}\omega} = \frac{-\left[\left(m\omega - \dfrac{K}{\omega}\right)\left(m - \dfrac{K}{\omega^2}\right)\right]}{\left[c^2 + \left(m\omega - \dfrac{K}{\omega}\right)^2\right]^{3/2}} = 0$$

解得

$$\omega^2 = \frac{K}{m} = \omega_n^2$$

代回式（2-17）中，得

$$|MV(\omega)|_{\max} = \frac{1}{c} \quad \text{及} \quad \phi(MV) = 0$$

所以，速度共振频率 ω_{R_V}，等于无阻尼系统的固有频率 ω_n。这样，速度导

纳的幅频曲线的最大值所对应的频率，或速度导纳相频曲线上零相位处对应的频率，便是系统的无阻尼固有频率。

B 用位移导纳的实、虚频特性确定无阻尼固有频率

令式（2-6）等于零，得

$$\mathrm{Re}[MD(\omega)] = \frac{K - m\omega^2}{(K - m\omega^2)^2 + (\omega c)^2} = 0$$

于是有

$$K - m\omega^2 = 0 , \; \omega^2 = \frac{K}{m} = \omega_n^2$$

位移导纳实部对应无阻尼固有频率 ω_n。

由位移导纳虚部式（2-7）的峰值确定 ω_n。求虚部峰值对应的频率：

$$\mathrm{Im}[MD(\omega)] = \frac{-\omega c}{(K - m\omega^2)^2 + (c\omega)^2}$$

令
$$\frac{\mathrm{dIm}}{\mathrm{d}\omega} = \frac{-c[(K - m\omega^2)^2 + (c\omega)^2] + \omega c[2(K - m\omega^2)(-2m\omega) + 2\omega c^2]}{(K - m\omega^2)^2 + (\omega c)^2}$$
$$= 0$$

化简后

$$3\omega^4 - \omega^2\left(2\frac{K}{m} - \frac{c^2}{m^2}\right) - \frac{K^2}{m^2} = 0$$

$$\omega^2 = \frac{1}{6}\left[\left(2\frac{K}{m} - \frac{c^2}{m^2}\right) \pm \sqrt{\left(\frac{2K}{m} - \frac{c^2}{m^2}\right)^2 + 4.3\frac{K^2}{m^2}}\right]$$

$$= \frac{1}{6}\left[\left(\frac{2K}{m} - \frac{c^2}{m^2}\right) + \sqrt{16\frac{K^2}{m^2} - 4\frac{K}{m}\cdot\frac{c^2}{m^2} + \frac{c^4}{m^4}}\right]$$

设 $c/m \ll 1$，可以略去，根号前取正号，则有

$$\omega^2 \approx \frac{K}{m} = \omega_n^2$$

即当位移导纳虚频特性曲线为最大值时，得

$$|I_\mathrm{m}[MD(\omega)]|_{\max} = \frac{1}{c\omega_n} \tag{2-18}$$

近似对应（阻尼较小时）无阻尼固有频率 ω_n。

2.2.1.2 确定共振频率 ω_{RD}、ω_{RV}、ω_{RA}

共振频率即位移、速度、加速度响应值（导纳）为最大值时，所对应的频率。上节已证明速度共振频率 $\omega_{RV} = \omega_n$，等于无阻尼固有频率。

已知位移导纳及加速度导纳的幅频特性：

$$|MD(\omega)| = \frac{1}{\sqrt{(K - m\omega^2)^2 + (c^2\omega)^2}} \tag{2-19}$$

$$|MA(\omega)| = \frac{1}{\sqrt{\left(m - \dfrac{K}{\omega}\right)^2 + \left(\dfrac{c}{\omega}\right)^2}} \tag{2-20}$$

可以证明对应位移导纳及加速度导纳为最大值时的频率分别为：

$$\omega_{RD} = \omega_n\sqrt{1 - 2\xi^2} \qquad 相位不在-90°，约-85°$$

$$\omega_{RA} = \omega_n\sqrt{1 + 2\xi^2} \qquad 相位超过+90°$$

当阻尼比 $\xi = 0.05 \sim 0.2$ 时，各共振频率等于无阻尼固有频率 $\omega_R = \omega_n$。

2.2.2 识别阻尼比 ξ（阻尼系数 c）

从振动理论可知，很小的阻尼对共振的振幅有很大的影响。因此，根据共振区的幅频特性曲线，能够判定系统的阻尼比，从而计算出系统的阻尼系数。

2.2.2.1 由位移导纳共振曲线确定阻尼比

位移导纳幅频特性为

$$|MD(\omega)| = \frac{1}{\sqrt{(K - m\omega^2)^2 + (c\omega)^2}}$$

$$= \frac{1}{K\sqrt{(1 - \lambda^2)^2 + (2\xi\lambda)^2}} \tag{2-21}$$

设小阻尼 $\omega_R \approx \omega_n$，$\lambda = 1$ 时：

$$|MD(\omega)|_{\max} = \frac{1}{2\xi K} \tag{2-22}$$

当 $\omega = 0$ 时，$|MD(0)| = \dfrac{1}{K}$ 为静柔度。

动力放大系数

$$\beta = \frac{|MD(\omega_R)|}{|MD(0)|} = \frac{1}{2\xi} \tag{2-23}$$

图 2-4（a）中用双对数坐标表示了幅频特性曲线，从图上求出 $b'c'$ 的值：

$$S = \frac{1}{2b'c'}$$

$$ac = \log|MD(\omega_R)|$$

$$ab = \log|MD(0)|$$

$$bc = \log|MD(\omega_R)| - \log|MD(0)| = \log\frac{|MD(\omega_R)|}{|MD(0)|}$$

$$b'c' = 10^{bc} = \frac{|MD(\omega_R)|}{|MD(0)|} = \frac{1}{2\xi}$$

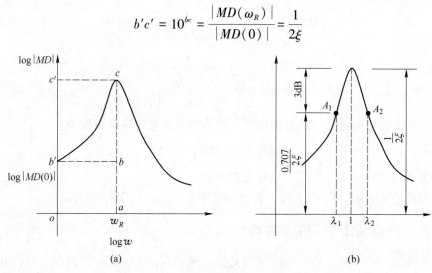

图 2-4 双对数坐标表示的幅频特性曲线

这里利用了峰值数据,实际上在共振峰值,不易得到稳定的数值,故结果不太精确。于是,采用半功率带宽法求 ξ。

先介绍半功率点,由分贝定义可知 $\sqrt{2}:1$ 相当于 3dB。从峰值处下降 3dB 对应的带宽称半功率带宽。

假定曲线是对称的,取其幅值等于 $0.707/2\xi$,除对应曲线上 A_1 和 A_2 点称为半功率点,对应的频率比为 λ_1 和 λ_2,则:

$$\Delta\omega = \omega_R(\lambda_2 - \lambda_1) = \omega_2 - \omega_1$$

便是半功率带宽。

因为,半功率点的幅值为

$$\frac{1}{\sqrt{2}}|MD(\omega_R)| = \frac{1}{\sqrt{2}} \cdot \frac{1}{2\xi K}$$

对应的半功率带宽,可由如下关系求出 λ_1、λ_2:

$$\frac{1}{2\sqrt{2}\xi K} = \frac{1}{K\sqrt{(1-\lambda^2)^2 + (2\xi\lambda)^2}}$$

$$\frac{0.707}{2\xi} = \frac{2}{\sqrt{(1-\lambda^2)^2 + (2\xi\lambda)^2}}$$

化简为 $\quad\quad\quad \lambda^4 - 2(1-2\xi^2)\lambda^2 + 1 - 8\xi^2 = 0$

$$\lambda_1^2 、 \lambda_2^2 = (1 - 2\xi^2) \pm 2\xi\sqrt{1 + \xi^2}$$

当 $\xi \ll 1$ 时,略去 ξ^2 项

$$\lambda_1^2 、 \lambda_2^2 = 1 + 2\xi , \quad \lambda_1 = \frac{\omega_1}{\omega_R} , \quad \lambda_2 = \frac{\omega_2}{\omega_R}$$

$$\frac{\omega_1^2}{\omega_R^2} = 1 - 2\xi , \quad \frac{\omega_2^2}{\omega_R^2} = 1 + 2\xi$$

相减得
$$4\xi = \frac{\omega_2^2 - \omega_1^2}{\omega_R^2} = \frac{(\omega_2 - \omega_1)(\omega_2 + \omega_1)}{\omega_R \omega_R}$$

由于曲线近似为对称，故
$$\omega_1 + \omega_2 \approx 2\omega_R$$

于是
$$2\xi = \frac{\omega_2 - \omega_1}{\omega_R} \tag{2-24}$$

这样，在幅频特性曲线上，找出 3 个频率 ω_R、ω_2、ω_1 后便可求出阻尼 ξ。

2.2.2.2 用位移导纳在共振区的矢端图（Nyquist）确定 ω_n、ξ

重新写出导纳圆公式，令
$$u = \text{Re}[MD(\omega)] = \frac{K - m\omega^2}{(K - m\omega^2)^2 + (\omega c)^2} \tag{2-25}$$

$$v = \text{Im}[MD(\omega)] = \frac{-\omega c}{(K - m\omega^2)^2 + (\omega c)^2} \tag{2-26}$$

在 $\omega = \omega_R$ 附近则有
$$u^2 + \left(v + \frac{1}{2c\omega_R}\right)^2 = \left(\frac{1}{2c\omega_R}\right)^2 \tag{2-27}$$

圆心在 $(0, -1/2c\omega_n)$ 的圆。

2.2.2.3 导纳圆和虚轴的交点对应无阻尼固有频率 ω_n

因在虚轴上，$u = 0$，$v = |\text{Im}[MD(\omega)]|_{\max}$ 正是虚频的最大值，对应固有频率 ω_n。

2.2.2.4 从导纳圆的半径 $R = 1/2c\omega_n$，确定阻尼系数 c

量出导纳圆半径 R，已知 ω_n，则

$$c = \frac{1}{2R\omega_n} \tag{2-28}$$

2.2.2.5 在导纳圆上 ω_n 前后任意取二频率点确定阻尼比

在导纳圆（图 2-5）上，对应 ω_n 点前后，取 a、b 二点，分别对应 ω_a、ω_b 二频率，于是，有 $\omega_a < \omega_n < \omega_b$，$a$、$b$ 二点对应圆心角 α_a、α_b，圆周角 $1/2\alpha_a$、$1/2\alpha_b$，则阻尼比

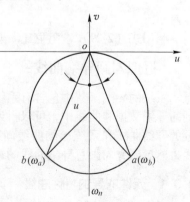

图 2-5 导纳圆

$$\xi = \frac{1}{\tan\dfrac{\alpha_b}{2} + \tan\dfrac{\alpha_a}{2}} \cdot \frac{\omega_b - \omega_a}{\omega_n}$$

因为　　　　　　　　$$\tan\frac{\alpha_a}{2} = \frac{K - m\omega_a^2}{c\omega_a} = \frac{1 - \lambda_a^2}{2\xi\lambda_a}$$

式中，$\lambda_a = \omega_a/\omega_n$，$\omega_n = \sqrt{K/m}$。

于是　　　　　　　　$$\lambda_a^2 + 2\xi\tan\frac{\alpha_a}{2} \cdot \lambda_a - 1 = 0$$

解得　　　　　$$\lambda_a = \frac{1}{2}\left[-2\xi\tan\frac{\alpha_a}{2} \pm \sqrt{\left(2\xi\tan\frac{\alpha_a}{2}\right)^2 + 4}\right]$$

当阻尼比 $\xi < 0.1$ 时，舍去 $\left(2\xi\tan\dfrac{\alpha_a}{2}\right)^2$ 得

$$\lambda_a \approx \xi\tan\frac{\alpha_a}{2} \pm 1$$

因为 $\lambda_a > 0$，所以

$$\begin{cases} \lambda_a \approx 1 - \xi\tan\dfrac{\alpha_a}{2} \\[2mm] \lambda_b \approx 1 + \xi\tan\dfrac{\alpha_b}{2} \end{cases}$$

故　　　　　　　　$$\lambda_b - \lambda_a = \xi\left(\tan\frac{\alpha_a}{2} + \tan\frac{\alpha_b}{2}\right)$$

即　　　$$\xi = \frac{\lambda_b - \lambda_a}{\tan\dfrac{\alpha_a}{2} + \tan\dfrac{\alpha_b}{2}} = \frac{1}{\tan\dfrac{\alpha_a}{2} + \tan\dfrac{\alpha_b}{2}} \cdot \frac{\omega_b - \omega_a}{\omega_n} \qquad (2\text{-}29)$$

当 $\alpha_a = \alpha_b = 90°$ 时，便得到根据半功率点幅频特性求阻尼比相同的结果：

$$\xi = \frac{\omega_b - \omega_a}{2\omega_n} \qquad (2\text{-}30)$$

利用式（2-29）求阻尼比，避开了峰值数据，峰值数据的稳定性较差。

2.3   近似勾画导纳曲线

系统的导纳函数中包含有系统的质量、刚度和阻尼等参数。因此，从测量得到的导纳数据和曲线中，可以得到这些参数。显然，质量、刚度和阻尼等元件参数的导纳曲线和系统导纳曲线间存在着某些关系。本节先研究诸元件的导纳曲线，然后研究勾画总导纳曲线的近似方法。

2.3.1   元件的导纳特性曲线

为了方便起见，把元件导纳函数列表，见表2-3。

表 2-3 元件导纳函数列表

项目	阻 抗			导 纳		
	弹簧	阻尼器	质量	弹簧	阻尼器	质量
速度	K	$j\omega c$	$-\omega^2 m$	$\dfrac{1}{K}$	$\dfrac{1}{j\omega c}$	$-\dfrac{1}{\omega^2 m}$
位移	$\dfrac{K}{j\omega}$	c	$j\omega m$	$\dfrac{j\omega}{K}$	$\dfrac{1}{c}$	$\dfrac{1}{j\omega m}$
加速度	$-\dfrac{K}{\omega^2}$	$\dfrac{c}{j\omega}$	m	$-\dfrac{\omega^2}{K}$	$\dfrac{j\omega}{c}$	$\dfrac{1}{m}$

表中是诸元件导纳的复数表示式，复数函数中包括有幅值和与稳态简谐力（假设力的初相为零）之间的相位差。由旋转因子定义，j 表示旋转+90°相角，1/j 表示旋转-90°相角，$j^2 = -1$ 表示旋转±180°相角的关系，可将元件导纳复函数，分别以幅频特性和相频特性表示。

2.3.1.1　在均匀刻度坐标中元件的速度导纳曲线

弹簧的幅频特性 $\qquad |MV[K]| = \dfrac{\omega}{K}$ $\qquad\qquad$ (2-31)

是过原点随频率 ω 变化的直线，弹簧的相频特性用 j 表示为+90°直线。

阻尼器的幅频特性 $\qquad |MV[c]| = \dfrac{1}{c}$ $\qquad\qquad$ (2-32)

是常数，表示一水平线，相位特性为0°直线。

质量的幅频特性 $\qquad |MV[m]| = \dfrac{1}{m\omega}$ $\qquad\qquad$ (2-33)

为双曲线，相位特性 1/j 表示是-90°的直线。

在均匀直线坐标中，三种元件导纳函数总有一条曲线，如图 2-6 所示。若频率采用对数坐标或采用双对数坐标系，则三种元件的三种导纳特性曲线全部为直线。使得在分析中有很多方便，也是工程中多采用对数坐标系的原因之一。

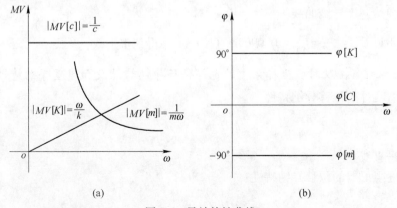

(a) $\qquad\qquad\qquad\qquad$ (b)

图 2-6　导纳特性曲线

将弹簧元件的速度导纳幅值两边取对数，有

$$\log[MV(K)] = -\log K + \log\omega \tag{2-34}$$

对比直线方程 $y = mx + b$，又 $y = \log|MV[K]|$，$x = \log\omega$，$b = -\log K$，$m = +1$，于是，弹簧元件速度导纳的幅频特性，在双对数坐标系中，为斜率等于 +1 的直线。

将质量元件的速度导纳幅值两边取对数，有

$$\log|MV(m)| = -\log\omega - \log m \tag{2-35}$$

对应 $m = -1$，$b = -\log m$ 的直线方程。质量元件速度导纳的幅频特性，在双对数坐标系中，为斜率等于 -1 的直线。

将阻尼器元件速度导纳的幅值两端取对数，有

$$\log|MV(C)| = -\log c \tag{2-36}$$

为一常数，即阻尼器的速度导纳的幅频特性，在双对数坐标系中，仍为一水平直线，在双对数坐标中，速度导纳如图 2-7 所示。

【例题 2-1】 已知 $m = 2.5\text{kg}$，$K = 2 \times 10^4 \text{N/m}$，$c = 11 \text{N} \cdot \text{s/m}$，试画出这三个元件速度导纳幅频特性直线图。

由 $MV[m] = \dfrac{1}{m\omega} = 0.4\dfrac{1}{\omega}$，$\omega = 10$、$MV[m] = 4 \times 10^{-2}$，得到 A 点，再由 -1 斜率可画出直线 AB。由

$$MV[K] = \frac{\omega}{K} = \frac{\omega}{2 \times 10^4}, \quad \omega = 100、MV[m] = 0.5 \times 10^{-2}\text{m/(N} \cdot \text{s)}$$

得到点 C，再由斜率为 +1，画 45°线即得到弹簧速度导纳曲线。

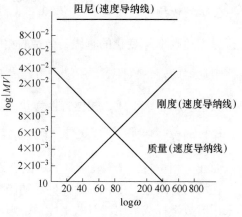

图 2-7 速度导纳幅频特性直线图

由 $MV[C] = \dfrac{1}{c} = \dfrac{1}{11} = 0.0909\text{m/(N} \cdot \text{s)}$，得到水平线。

2.3.1.2 在双对数坐标系中的元件位移导纳特性及加速度导纳特性

弹簧元件的位移导纳特性：

$$MD[K] = \frac{1}{K} \tag{2-37}$$

为一水平直线。

黏性阻尼器的位移导纳特性：

$$MD[C] = \frac{1}{c\omega} \tag{2-38}$$

两边取对数，得

$$\log MD[C] = -\log\omega - \log c \qquad (2-39)$$

为斜率为-1 的直线。

质量元件的位移导纳特性：

$$MD[m] = \frac{1}{m\omega^2} \qquad (2-40)$$

两边取对数，得

$$\log MD[m] = -2\log\omega = \log m \qquad (2-41)$$

为斜率等于-2 的直线。仍以上面例题的数据，画出元件的位移导纳特性，如图 2-8（a）所示。

诸元件的加速度导纳特性分别为：

（1）由 $MD[K] = \dfrac{\omega^2}{K}$、$\log MA[K] = 2\log\omega - \log K$，可知弹簧刚度加速度导纳特性，在双对数坐标中，是斜率等于+2 的直线。

（2）由 $MA[C] = \dfrac{\omega}{c}$、$\log MA[C] = \log\omega - \log c$，可知黏性阻尼加速度导纳特性，在双对数坐标中，是斜率等于+1 的直线。

（3）由 $MA[m] = \dfrac{1}{m}$、$\log MA[C] = -\log m$，可知质量的加速度导纳特性，在双对数坐标中，是一条水平直线。以上面例题的数据，画出的加速度导纳特性曲线，如图 2-8（b）所示。

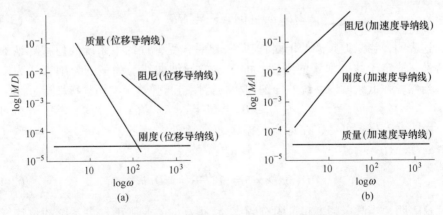

图 2-8　位移（a）和加速度（b）导纳特性示意图

根据上述结果，导纳测试的记录纸上常有专门的格式。采用双对数坐标，纵坐标习惯上用分贝标度，横坐标用赫兹标度，并画有质量线和刚度线。

2.3.2　骨架线法（Skeleton）

这个方法是利用元件的导纳直线，近似地勾画单自由度系统的导纳曲线，是 Salter J P 在《稳态振动（Steady-State Vibration）》一书中提出来的，对集中参数和分布参数系统均可采用。这个方法建立了元件导纳直线与系统导纳曲线间的关系，在已知元件参数时，大致勾画出系统的导纳曲线，估计振动的规律。反之，也是更为重要的一面，可由测出的总导纳曲线，估计元件的参数，如质量、刚度和阻尼等。

2.3.2.1　位移导纳的骨架线

已知位移导纳函数为

$$MD(\omega) = \frac{1}{K - m\omega^2 + j\omega c} \tag{2-42}$$

在远离共振区，阻尼对导纳响应的值影响甚小，可以不计。故设 $c = 0$，将位移导纳写成如下两种形式：

$$MD(\omega) = \frac{1}{K - m\omega^2} = \frac{1}{K(1 - \omega^2 m/K)} = \frac{1}{K(1 - \lambda^2)} \tag{2-43}$$

$$MD(\omega) = \frac{1}{-m\omega^2\left(1 - \dfrac{K}{m\omega^2}\right)} = \frac{1}{-m\omega^2\left(1 - \dfrac{1}{\lambda^2}\right)} \tag{2-44}$$

由式（2-43）可见，在远离共振区的低频端内，当 $\lambda = \omega/\omega_n \to 0$ 时（即 $\omega \ll \omega_n$），有

$$MD(\omega \to 0) = \frac{1}{K} = MD[K] \tag{2-45}$$

这表明，当激振频率低于固有频率 ω_n 时，受弹性约束系统的位移导纳的幅频特性，决定于约束弹簧的刚度，即系统的导纳曲线与弹簧的导纳直线为渐近线。当然，在低频段内系统的导纳和相频特性也与弹簧导纳相频特性接近：

$$\phi[\omega \to 0] = 0° = \phi[K] \tag{2-46}$$

由式（2-44）可见，在远离共振区的高频段内，当 $\lambda = \omega/\omega_n \to \infty$ 时（即 $\omega \gg \omega_n$），有

$$MD(\omega \to \infty) = \frac{1}{-\omega^2 m} = MD[m] \tag{2-47}$$

这表明，当激振频率超过固有频率 ω_n 很高时，受弹性约束系统的位移导纳的幅频特性，取决于系统的质量，即系统的导纳曲线以质量的导纳直线为渐近线。当然，高频段内系统导纳的相频特性也与质量的导纳相频特性接近，即

$$\phi[\omega \to \infty] = 180° = \phi[m] \tag{2-48}$$

在共振区附近，$\lambda \approx 1$，必须考虑阻尼的影响

$$MD(\omega_n) = \frac{1}{K\sqrt{(1-\lambda^2)^2 + (2\xi\lambda)^2}} \approx \frac{1}{2K\xi} \tag{2-49}$$

取对数

$$\log MD(\omega) = \log\frac{1}{K} + \log\frac{1}{2\xi} \tag{2-50}$$

于是在对数坐标中，在 ω_n 处，取 $ab = 1/K$，取 $bc = 1/2\xi$，便得 $\omega = \omega_n$ 处的骨架。做 $1/K$ 水平线 db，过 b 做 be 斜率为 -2 的质量线，于是 $abcde$ 是并联约束系统的骨架，据此骨架线可近似勾画出导纳曲线（图2-9）。

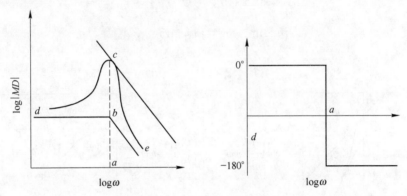

图 2-9　导纳曲线示意图

2.3.2.2　速度导纳骨架线

先画弹簧刚度的速度导纳 $MV[K]$ 是斜率为 $+1$ 的直线 bd。再画质量的速度导纳 $MV[m]$ 是斜率为 -1 的直线 be，二直线相较于 b 点，对应固有频率 ω_n。这是因为在 b 点

$$MV[K] = \frac{\omega_b}{K} = MV[m] = \frac{1}{m\omega_b} \tag{2-51}$$

于是

$$\omega_b^2 = \frac{K}{m} = \omega_n^2 \tag{2-52}$$

过 b 点做垂线交阻尼器的速度导纳 $MV[C]$ 的直线于 c 点，$dbcbe$ 是系统的导纳骨架线。由此可近似描绘系统的导纳曲线，可以证明呈近似对称的形式，如图2-10 所示。

2.3.2.3　并联系统的阻抗/导纳图

单自由度并联系统的导纳和阻抗，如图2-11 所示。

2.3.2.4　单自由度自由串联系统

图2-12 所示为单自由度串联系统和与它对应的网络、电路图。先求激振点

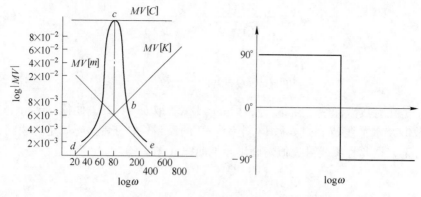

图 2-10 速度导纳骨架线示意图

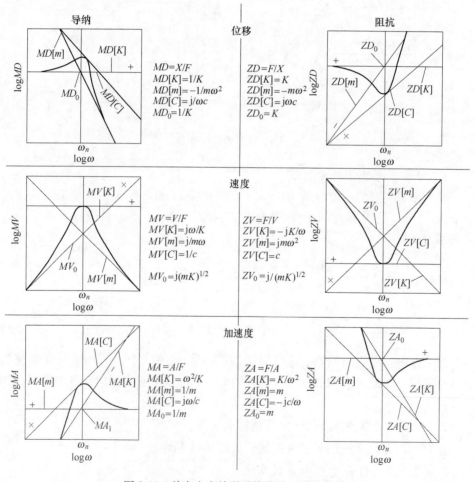

图 2-11 单自由度并联系统导纳、阻抗曲线

的位移导纳，由串联系统总导纳等于诸元件导纳之和，有

$$MD = MD[m] + MD[K] = -\frac{1}{m\omega^2} + \frac{1}{K}$$

$$= \frac{\omega^2 m - K}{K\omega^2 m} = \frac{\omega^2/\omega_n^2 - 1}{\omega^2 m} = \frac{\lambda^2 - 1}{\omega^2 m} \tag{2-53}$$

$$= \frac{\omega^2 m(1 - K/\omega^2 m)}{\omega^2 mK} = \frac{1 - 1/\lambda^2}{K}$$

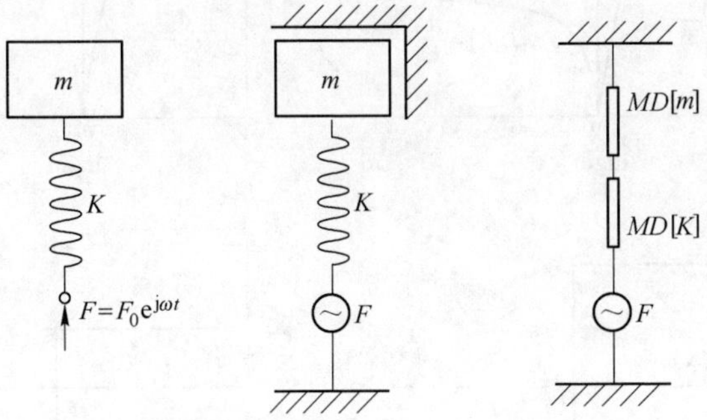

图 2-12 单自由度串联系统和与其对应的网络、电路图

确定总导纳曲线的骨架线。如 $\omega \to 0$，则 $\lambda \to 0$ 在低频段式（2-53）可化为

$$MD = -\frac{1}{\omega^2 m} = MD[m] \tag{2-54}$$

总导纳曲线以质量导纳直线为渐近线。在高频段，当 $\omega \to \infty$，$\lambda \to \infty$，由式（2-53）有

$$MD = \frac{1}{K} \tag{2-55}$$

总导纳曲线以弹簧的导纳直线为渐近线。当 $\omega = \omega_n$，即 $\lambda = 1$ 时，由式（2-53），得 $MD = 0$，称为反共振，反共振频率记为 ω_A。这时系统的导纳为最小，阻抗值为最大。这个系统的位移导纳和速度导纳的骨架线，分别由图 2-13（a）、图 2-13（b）所示。

有阻尼器的一个自由度串联系统

$$MV = MV[m] + MV[K] + MV[C]$$

$$= -\frac{j}{m\omega} + \frac{j\omega}{K} + \frac{1}{c} \tag{2-56}$$

$$|MV| = \sqrt{\left(\frac{1}{c}\right)^2 + \left(\frac{\omega}{K} - \frac{1}{m\omega}\right)^2} \tag{2-57}$$

当 $\omega = \omega_n$ 时，$|MV| = 1/c$ 为最小值，为反共振点，系统的速度导纳的骨架线如图 2-14 所示。

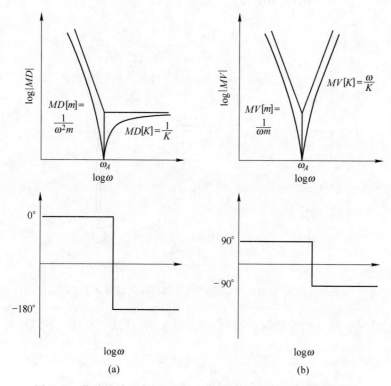

图 2-13 位移导纳示意图（a）和速度导纳的骨架线示意图（b）

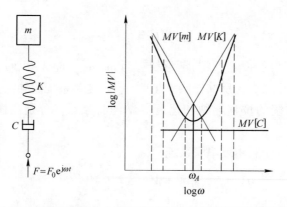

图 2-14 有阻尼器单自由度串联系统和速度导纳骨架线示意图

3   多自由度振动系统导纳分析

3.1   阻抗矩阵和导纳矩阵

3.1.1   阻抗矩阵和导纳矩阵

单自由度振动系统在简谐激励作用下的稳态响应特性，只有一个描述系统的动态特性的原点导纳函数。两个自由度以上的振动系统，激振点和测量点可以有许多个，即使把激振点固定在某一点，测量点也有多个。这时，不仅有原点导纳函数，还有跨点（或传递）导纳函数。系统的动态特性就需要许多这样的函数才能描述清楚。把这些函数组合起来就得到导纳矩阵或阻抗矩阵。

以接地约束两个自由度系统（图3-1）为例，建立阻抗矩阵或导纳矩阵。

设在 m_1 上作用有正弦激振力 $f = Fe^{j\omega t}$，运动微分方程为：

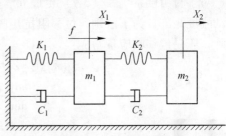

图 3-1   二自由度系统

$$\begin{cases} m_1\ddot{X}_1 = -K_1X_1 + K_2(X_2 - X_1) - C_1\dot{X}_1 + C_2(\dot{X}_2 - \dot{X}_1) + f \\ m_2\ddot{X}_2 = -K_2(X_2 - X_1) - C_2(\dot{X}_2 - \dot{X}_1) \end{cases} \tag{3-1}$$

写成矩阵形式，有

$$\begin{bmatrix} m_1 & 0 \\ 0 & m_2 \end{bmatrix}\begin{Bmatrix} \ddot{X}_1 \\ \ddot{X}_2 \end{Bmatrix} + \begin{bmatrix} C_1 + C_2 & -C_2 \\ -C_2 & C_2 \end{bmatrix}\begin{Bmatrix} \dot{X}_1 \\ \dot{X}_2 \end{Bmatrix} + \begin{bmatrix} K_1 + K_2 & -K_2 \\ -K_2 & K_2 \end{bmatrix}\begin{Bmatrix} X_1 \\ X_2 \end{Bmatrix} = \begin{Bmatrix} f \\ 0 \end{Bmatrix}$$

$$\tag{3-2}$$

线性系统在简谐激振作用下，其稳态响应是频率相同的简谐运动，故有如下形式的解：

$$\{X\} = \begin{Bmatrix} X_1 \\ X_2 \end{Bmatrix} = \begin{Bmatrix} \phi_1 \\ \phi_2 \end{Bmatrix}e^{j(\omega t + \varphi)} \tag{3-3}$$

将式（3-3）代入式（3-2）中，合并后

$$\begin{bmatrix} K_1 + K_2 - m_1\omega^2 + j\omega(C_1 + C_2) & - K_2 - jC_2\omega \\ - K_2 - jC_2\omega & K_2 - m_2\omega^2 + jC_2\omega \end{bmatrix} \begin{Bmatrix} X_1 \\ X_2 \end{Bmatrix} = \begin{Bmatrix} f \\ 0 \end{Bmatrix} \quad (3\text{-}4)$$

写成

$$\begin{bmatrix} Z_{11}(\omega) & Z_{12}(\omega) \\ Z_{21}(\omega) & Z_{22}(\omega) \end{bmatrix} \begin{Bmatrix} X_1 \\ X_2 \end{Bmatrix} = \begin{Bmatrix} f \\ 0 \end{Bmatrix} \quad (3\text{-}5)$$

简写成

$$[Z(\omega)]\{X\} = \{f\} \quad (3\text{-}6)$$

式中，$[Z(\omega)]$ 为阻抗矩阵，$Z_{ij}(\omega)$ 为矩阵元素，一般是复数，则

$$\begin{cases} Z_{11}(\omega) = K_1 + K_2 - m_1\omega^2 + j\omega(C_1 + C_2) \\ Z_{12}(\omega) = - K_2 - jC_2\omega = Z_{21} \\ Z_{22}(\omega) = K_2 - m_2\omega^2 + jC_2\omega \end{cases} \quad (3\text{-}7)$$

对多自由度系统式（3-7）也成立。其中，$[Z(\omega)]$ 为位移阻抗矩阵，也称为动刚度矩阵。为了区别，位移阻抗矩阵记为 $[ZD(\omega)]$，是非奇异矩阵，有逆矩阵，于是位移响应量写成：

$$\{X\} = [ZD(\omega)]^{-1}\{f\}$$

$$= \frac{\mathrm{adj}[ZD(\omega)]}{\det[ZD(\omega)]}\{f\} \quad (3\text{-}8)$$

$$\{X\} = [MD(\omega)]\{f\} \quad (3\text{-}9)$$

式中，$\mathrm{adj}[ZD(\omega)]$、$\det[ZD(\omega)]$ 分别为位移阻抗矩阵的伴随矩阵和行列式；$[MD(\omega)] = [ZD(\omega)]^{-1}$ 称为位移导纳矩阵。导纳矩阵是阻抗矩阵的逆矩阵，位移导纳矩阵也叫动柔度矩阵。二阶矩阵的伴随矩阵及行列式很容易求得：

$$\mathrm{adj}[ZD(\omega)] = \begin{bmatrix} ZD_{22}(\omega) & - ZD_{21}(\omega) \\ - ZD_{12}(\omega) & ZD_{11}(\omega) \end{bmatrix} \quad (3\text{-}10)$$

$$\det[ZD(\omega)] = \begin{vmatrix} ZD_{11}(\omega) & ZD_{12}(\omega) \\ ZD_{21}(\omega) & ZD_{22}(\omega) \end{vmatrix} = ZD_{11}(\omega)ZD_{22}(\omega) - ZD_{12}^2(\omega) \quad (3\text{-}11)$$

位移导纳矩阵为：

$$MD(\omega) = \frac{1}{ZD_{11}(\omega)ZD_{22}(\omega) - ZD_{12}^2(\omega)} \begin{bmatrix} ZD_{22}(\omega) & - Z_{21}D(\omega) \\ - ZD_{12}(\omega) & ZD_{11}(\omega) \end{bmatrix}$$

$$= \begin{bmatrix} MD_{11}(\omega) & MD_{12}(\omega) \\ MD_{21}(\omega) & MD_{22}(\omega) \end{bmatrix} \quad (3\text{-}12)$$

当质量 m_1 上有激振力 $f = Fe^{j\omega t}$ 时

$$X_1 = MD_{11}(\omega)f = \frac{ZD_{22}(\omega)}{ZD_{11}(\omega)ZD_{22}(\omega) - ZD_{12}^2(\omega)}f$$

$$X_2 = MD_{21}(\omega)f = \frac{-ZD_{12}(\omega)}{ZD_{11}(\omega)ZD_{22}(\omega) - ZD_{12}^2(\omega)}f \tag{3-13}$$

引入复振幅记号，故

$$MD_{11}(\omega) = \frac{\widetilde{X}_1}{\widetilde{f}} = -\frac{\phi_1 e^{j(\omega t + \varphi)}}{F e^{j\omega t}} = \frac{\phi_1 e^{j\varphi}}{F} \tag{3-14}$$

$$MD_{21}(\omega) = \frac{\widetilde{X}_2}{\widetilde{f}} = \frac{\phi_2 e^{j\omega}}{F} \tag{3-15}$$

式 (3-14) 表示 m_1 处的位移响应复振幅 $\widetilde{X}_1$ 与 m_1 处激振力的复数振幅 $\widetilde{f}$ 之比，$MD_{11}(\omega)$ 为 1 点的原点导纳。同理 $MD_{21}(\omega)$ 为 m_2 处的位移响应复振幅 $\widetilde{X}_2$ 与 m_1 处作用的激振力的复数振幅 $\widetilde{f}$ 之比，即跨点导纳，或称为由 m_1 点到 m_2 点的传递函数。

3.1.2 阻抗矩阵、导纳矩阵中元素的物理解释

阻抗矩阵 $[ZD(\omega)]$ 中的第 p 行第 l 列元素 $ZD_{pl}(\omega)$，设 $p < l$。如果采用 p 点激振，l 点测量。则激振力列向量可以写成

$$\{f\} = \{0,\ 0,\ f_p,\ \cdots,\ 0\}^T$$

假设除 l 点外，系统各点均受到约束（使坐标保持不动），即 $x_i = 0(i \neq l)$，于是系统的位移列向量为

$$\{X\} = \{0,\ 0,\ 0,\ \cdots,\ x_l,\ 0,\ \cdots,\ 0\}^T$$

式 (3-6) 可以写成

$$\begin{array}{c} \\ p \\ l \\ \\ \\ \\ \end{array} \begin{bmatrix} p & \cdots & l & & \\ \vdots & & & & \\ \vdots & & ZD_{pl} & & \\ \vdots & & \vdots & & \\ \vdots & & \vdots & & \\ \vdots & & \vdots & & \end{bmatrix} \begin{Bmatrix} 0 \\ 0 \\ \vdots \\ \vdots \\ x_l \\ \vdots \\ \vdots \\ 0 \end{Bmatrix} = \begin{Bmatrix} 0 \\ f_p \\ \vdots \\ \vdots \\ 0 \\ \vdots \\ \vdots \\ 0 \end{Bmatrix} \tag{3-16}$$

展开可得

$$ZD_{pl}(\omega) = \frac{\widetilde{f}_p}{\widetilde{X}_l} \tag{3-17}$$

于是，$ZD_{pl}(\omega)$ 可以解释为：在 p 点单点激振，在 l 点测量，且当系统其余各点都约束不动时，得到的阻抗值，称为约束阻抗。测量阻抗矩阵中的元素，除简单系统外是相当困难的，相反利用导纳矩阵则可克服这一困难。

导纳矩阵 $[MD(\omega)]$ 中，第 l 行第 p 列元素 $MD_{lp}(\omega)$，在 p 点单点激振，在 l 点测量，各点不受约束。式（3-9）可以写成

$$
\begin{Bmatrix} X_1 \\ X_2 \\ \vdots \\ X_l \\ \vdots \\ X_n \end{Bmatrix} = \begin{bmatrix} & p & & l & \\ & \vdots & & \vdots & \\ & MD_{lp} & & \vdots & \\ & \vdots & & \vdots & \\ & \vdots & & \vdots & \end{bmatrix} \begin{Bmatrix} 0 \\ 0 \\ f_p \\ \vdots \\ \vdots \\ 0 \end{Bmatrix}
\tag{3-18}
$$

展开得

$$
MD_{lp}(\omega) = \frac{\widetilde{X}_l}{\widetilde{f}_p}
\tag{3-19}
$$

$MD_{lp}(\omega)$ 是在 p 点单点激振，在 l 点测量时的传递导纳。测量 $MD_{lp}(\omega)$ 元素时，不需要对系统除 l 点外的其余坐标加以约束，是容易实现的。这是在振动测试中，测量导纳值而不测量阻抗值的道理。

3.1.3　跨点导纳(阻抗)的互易定理

在实际振动系统中，质量矩阵 $[M]$、阻尼矩阵 $[C]$、刚度矩阵 $[K]$ 均为对称矩阵。所以

$$
MD_{ij}(\omega) = MD_{ji}(\omega) \qquad (i \neq j)
$$

$$
ZD_{ij}(\omega) = ZD_{ji}(\omega) \qquad (i \neq j)
\tag{3-20}
$$

导纳（阻抗）矩阵也是对称矩阵，表示在 j 点激振 i 点测量，和在 i 点激振 j 点测得的导纳（阻抗）函数相等。互易定理在材料力学、结构力学和弹性力学中都成立，指的是静力变形的互易关系。式（3-20）则是动力响应的互易关系，振动理论中称之为动力响应的互等定理。

在导纳测试中，利用互易定理，可以检验测试系统的可靠性和测试结果的精确度。

3.2　接地约束系统的原点、跨点导纳特性

导纳矩阵中的对角线元素，均为原点导纳函数。以两个自由度接地约束系统为例。由式（3-14），有

$$MD_{11}(\omega) = \frac{\widetilde{X}_1}{\widetilde{f}} = \frac{K_2 - m_2\omega^2 + jC_2\omega}{\det[ZD(\omega)]} \tag{3-21}$$

$$\det[ZD(\omega)] = [(K_1 + K_2) - m_1\omega^2 + j\omega(C_1 + C_2)]$$
$$(K_2 - m_2\omega^2 + jC_2\omega) - (K_2 + jC_2\omega)^2 \tag{3-22}$$

忽略阻尼值，令 $C_1 = C_2 = 0$，于是

$$MD_{11}(\omega) = \frac{K_2 - m_2\omega^2}{[(K_1 + K_2) - m_1\omega^2](K_2 - m_2\omega^2) - K_2^2} \tag{3-23}$$

3.2.1 共振频率及反共振频率

式（3-23）的分母为 ω^2 的二次多项式，可以写成因式分解的形式。每个因式即为 $\det[ZD(\omega)] = 0$ 特征方程式的根。

由

$$[(K_1 + K_2) - m_1\omega^2](K_2 - m_2\omega^2) - K_2^2 = 0 \tag{3-24}$$

展开可得

$$\omega^4 - \left(\frac{K_1}{m_1} + \frac{K_2}{m_2} + \frac{K_2}{m_1}\right)\omega^2 + \frac{K_1K_2}{m_1m_2} = 0 \tag{3-25}$$

解得

$$\left.\begin{matrix}\omega_{n1}^2\\\omega_{n2}^2\end{matrix}\right\} = \frac{1}{2}\left[\left(\frac{K_2}{m_2} + \frac{K_1+K_2}{m_1}\right) \pm \sqrt{\left(\frac{K_2}{m_2} + \frac{K_1+K_2}{m_1}\right)^2 - 4\frac{K_1K_2}{m_1m_2}}\right] \tag{3-26}$$

式（3-26）是系统的固有频率。式（3-23）的分母可写成分解因式

$$m_1m_2(\omega^2 - \omega_{n_1}^2)(\omega^2 - \omega_{n_2}^2) \tag{3-27}$$

令

$$\omega_A = \sqrt{K_2/m_2} \tag{3-28}$$

式（3-23）的分子可以写成因式分解式

$$m_2(\omega_A^2 - \omega^2) \tag{3-29}$$

于是

$$MD_{11}(\omega) = \frac{m_2(\omega_A^2 - \omega^2)}{m_1m_2(\omega^2 - \omega_{n1}^2)(\omega^2 - \omega_{n2}^2)} \tag{3-30}$$

当激振频率 ω 由小到大经过 ω_{n1}、ω_A、ω_{n2} 时，会出现共振反共振现象。如果 $\omega^2 \to \omega_{n1}^2$，$\omega^2 \to \omega_{n2}^2$ 时，导纳趋于无穷

$$MD_{11}(\omega_{n1}, \omega_{n2}) \to \infty \tag{3-31}$$

称为共振现象，对应的频率即共振频率。

当 $\omega^2 = \omega_A^2$ 时，导纳等于零，即 $MD_{11}(\omega_A) = 0$，阻抗等于无限大，称为反共

振现象，ω_A 称为反共振频率。

动力消振器就是利用反共振现象原理。当工作频率 $\omega = \omega_A$ 时，$ZD_{11}(\omega_1) \to \infty$，质量块 m_1 的阻抗为无穷大，m_1 静止不动（$X_1 = 0$）。这时，$\omega_A = \sqrt{K_2/m_2}$ 是子系统 K_2、m_2 的固有频率，所以质量块 m_2 振动的很强烈。在多自由度系统中，原点反共振现象表现为局部振动很强烈。工程中常利用反共振现象达到减振、隔振或降低噪声等目的。

3.2.2 共振、反共振频率出现的次序

反共振频率出现的次序是有规律性的，和共振频率交替出现。对接地约束系统是先出现共振频率，然后出现反共振频率。对于自由—自由系统则先出现反共振频率，然后出现共振频率，以后交替出现。下面仍以两个自由接地约束系统为例，用几何法证明这一关系，即

$$\omega_{n1} < \omega_A < \omega_{n2}$$

取一水平频率轴 $o\omega$，在轴上取 $on_1 = \omega_{n1}^2$，$on_2 = \omega_{n2}^2$。以 $n_1 n_2$ 为直径画圆，圆心在 o_1，如图 3-2 所示。在 $o\omega$ 轴上方作一水平线，令与 $o\omega$ 轴的距离等于 $K_2/\sqrt{m_1 m_2}$，交圆周于 B_1、B_2 点。由 B_1 和 B_2 向 $o\omega$ 作垂线，垂足为 A_1、A_2，则 $oA_1 = \omega_A^2$。

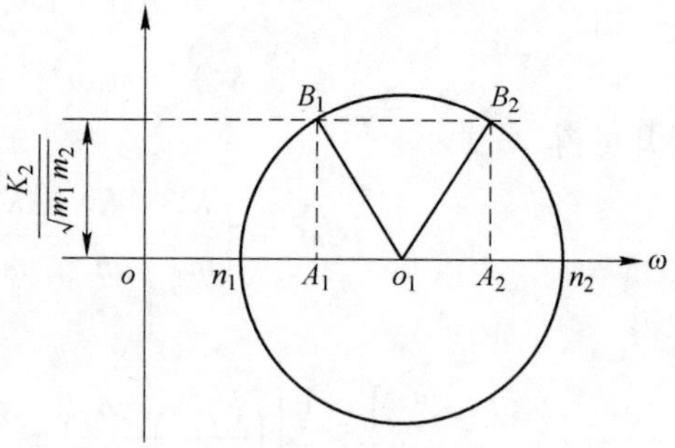

图 3-2　导纳圆

由于：

$$oo_1 = \frac{1}{2}(on_1 + on_2) = \frac{1}{2}(\omega_{n1}^2 + \omega_{n2}^2)$$

$$= \frac{1}{2}\left(\frac{K_2}{m_2} + \frac{K_1 + K_2}{m_1}\right)$$

$$o_1 n_2 = on_2 - oo_1 = \frac{1}{2}\sqrt{\left(\frac{K_2}{m_2} + \frac{K_1 + K_2}{m_1}\right)^2 - 4\frac{K_1 K_2}{m_1 m_2}}$$

$$oA_1 = oo_1 - o_1 A_1 = oo_1 - \sqrt{\overrightarrow{o_1 B_1}^2 - \overrightarrow{A_1 B_1}^2}$$

$$= \frac{1}{2}\left(\frac{K_2}{m_2} + \frac{K_1 + K_2}{m_1}\right) - \frac{1}{2}\sqrt{\left(\frac{K_2}{m_2} + \frac{K_1 + K_2}{m_1}\right)^2 - 4\frac{K_1 K_2}{m_1 m_2} - 4\frac{K_2^2}{m_1 m_2}}$$

$$= \frac{K_2}{m_2} = \omega_A^2$$

故 $on_1 < oA_1 < on_2$，即 $\omega_{n1} < \omega_A < \omega_{n2}$，证毕。

图中 $oA_2 = \omega_{A2}^2 = \dfrac{K_1 + K_2}{m_1}$，把激振力从质量块 m_1 移到质量块 m_2 上，系统的反共振频率，它也是介于两个固有频率之间，读者可自证之。

3.2.3 接地约束系统原点导纳特征的骨架线

已经求得原点导纳函数 $MD_{ii}(\omega)$，取频率为水平轴，画出幅频及相频特性曲线，采用双对数坐标画出的幅频特性曲线叫伯德图（Bode Diagram）。在双对数坐标系中，质量、刚度、阻尼等元件的导纳图形均为直线，还可以用它们表示幅频、相频特性曲线的渐近线，这些渐近线构成了幅频特性曲线的骨架线。从骨架线，能够看出导纳幅频特性变化的趋势，也可以检测结果是否正确，对简单的系统还可以利用骨架线估算系统的参数。仍以两个自由度接地约束系统为例。

先推导骨架线方程式，由式（3-30）出发，自分母中提出 ω_{n1}^2、ω_{n2}^2，分子中提出 ω_A^2，再根据 $\omega_A = \sqrt{K_2/m_2}$ 及二次方程根的韦达定理

$$\omega_{n1}^2 \cdot \omega_{n2}^2 = K_1 K_2 / m_1 m_2 \tag{3-32}$$

于是

$$MD_{11}(\omega) = \frac{\omega_A^2(1 - \omega^2/\omega_A^2)}{m_1 \omega_{n1}^2 \cdot \omega_{n2}^2(1 - \omega^2/\omega_{n1}^2)(1 - \omega^2/\omega_{n2}^2)} \tag{3-33}$$

$$MD_{11}(\omega) = \frac{1}{K_1} \frac{1 - \omega^2/\omega_A^2}{(1 - \omega^2/\omega_{n1}^2)(1 - \omega^2/\omega_{n2}^2)} \tag{3-34}$$

由式（3-30），分子分母各除以 ω^4 后，有：

$$MD_{11}(\omega) = \frac{1 - \omega_A^2/\omega^2}{- m_1 \omega^2(1 - \omega_{n1}^2/\omega^2)(1 - \omega_{n2}^2/\omega^2)} \tag{3-35}$$

当激振频率 ω 值很低时，$\omega \ll \omega_{n1}$，且 $\omega \to 0$，由式（3-34），得该低频段骨架线：

$$MD_{11}(\omega \to 0) = \frac{1}{K_1} = MD[K_1] \tag{3-36}$$

这表明，在低频段，系统导纳的幅频曲线以弹簧 K_1 的位移导纳直线为渐近线。同理，系统的相频特性曲线也以弹簧的相频特性为渐近线，零相位直线。即当激振频率 ω 很低时，两个质量块 m_1、m_2 基本上一起作同相振动，惯性力很小，由弹簧 K_1 的弹性力与外界激振力平衡。

当激振频率 ω 的值很高时，$\omega \gg \omega_{n2}$，$\omega \to 0$，由式（3-35），得高频骨架线：

$$MD_{11}(\omega \to \infty) = -\frac{1}{m_1 \omega^2} = MD[m_1] \tag{3-37}$$

在高频段激振时，系统的导纳特性是以质量块 m_1 的导纳为主。所以，系统的导纳以 m_1 的导纳直线为渐近线。同理，系统的相频特性也是以质量 m_1 的相频

直线 −180° 为渐近线。当很高频率在 m_1 上激振时，质量块 m_2 的惯性力相对很小，弹簧 K_1、K_2 的弹性力相对也不大，但质量块 m_1 的惯性力相对很大。质量块 m_1 的惯性力与外界激振力平衡。

在中间频段激振时，即 $\omega_{n1} < \omega_A < \omega_{n2}$。由振动理论知，在每一固有频率附近，振幅出现一个峰值，表现为一个主振动。在这个共振区域附近，可以利用一个单自由度系统与此系统等效。由第 2 章已知一个单自由度系统的骨架线是由刚度导纳和质量导纳线组成。所以，多自由度系统的原点导纳骨架线，也可以由许多刚度导纳线和质量导纳线所组成。下面求等效刚度和等效质量并画它们的导纳线。

在第一固有频率 ω_{n1} 附近，已经有了系统近似的等效刚度 K_1，可以求出等效单自由度系统的等效质量 $m_{e1} = K_1/\omega_{n1}^2$，它的位移导纳函数

$$MD[m_{e1}] = \frac{1}{\omega^2 m_{e1}} \tag{3-38}$$

是斜率为−2 的直线。它在 ω_{n1} 处取值为 $1/K_1$。

在第二固有频率 ω_{n2} 附近，系统近似的等效质量 $m_1 = m_{e2}$，可以求出第二个等效单自由度系统的等效刚度 $K_{e2} = m_1\omega_{n2}^2$。

根据上面求得的数据，下面介绍骨架线的作图法。

设已知 m_1、m_2、K_1、K_2 便可计算出 ω_{n1}、ω_{n2}、ω_A。取对数坐标轴，水平轴为频率 ω，纵坐标为导纳的幅值的对数和相位角值。做低频位移导纳渐近线 QR_1，导纳值 $OQ = MD[K_1] = 1/K_1$，交第一固有频率 ω_{n1} 处画出的垂线 R_1。自 R_1 点做斜率为−2 的表示第一等效质量 m_{e1} 的导纳线 R_1A，交由反共振频率 ω_A 引出的垂线于 A 点，过 A 做水平线交由 ω_{n2} 引出的垂线与 R_2，过 R_2 做斜率为−2 的第二等效质量 m_{e2} 的导纳线 R_2B。则 QR_1AR_2B 即是所求的骨架线。可以近似勾画出位移导纳的幅频及相频特性曲线，如图 3-3 所示。下面证明 AR_2 直线，就是第二等效刚度 K_{e2} 的导纳直线。

由第一等效质量 m_{e1}，在 A 点的导纳值为：

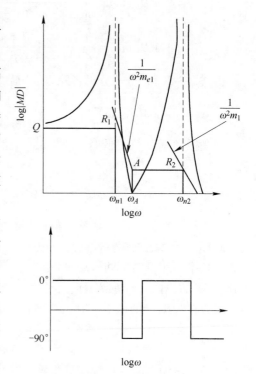

图 3-3 位移导纳的幅频及相频特性曲线示意图

$$MD(A) = \frac{1}{\omega_A^2 m_{e1}} = \frac{1}{\dfrac{K_2}{m_2} \dfrac{K_1}{\omega_{n1}}} = \frac{m_2}{K_1 K_2} \omega_{n1}^2 \tag{3-39}$$

由第二等效质量 m_{e2} 在 R_2 点的导纳值为：

$$MD(R_2) = \frac{1}{\omega_{n2}^2 m_1} = \frac{1}{K_{e2}} \tag{3-40}$$

将 ω_{n2}^2 代入，经过分母有理化，得

$$MD(R_2) = \frac{m_2}{K_1 K_2} \omega_{n1}^2 = MD(A) \tag{3-41}$$

AR_2 与水平轴平行，这表明在第二固有频率 ω_{n2} 处，与质量 $m_{e2} = m_1$ 所组成等效单个自由度系统的等效刚度 K_{e2} 的导纳直线。

3.2.4 速度导纳的骨架线

在双对数坐标系中，刚度导纳是斜率等于 $+1$ 的直线，质量导纳是斜率等于 -1 的直线。对图 3-1 描述的系统，可按同样方法画出速度导纳骨架线。在低频段先画 K_1 刚度的速度导纳直线 QR_1，交由 ω_{n1} 引出自垂线于 R_1。过 R_1 画第一等效质量 m_{e1} 的速度导纳直线 R_1A，交由 ω_A 引出的垂线于 A 点。过 A 点画第二等效刚度 K_{e2} 的速度导纳直线 AR_2，交从 ω_{n2} 引出的垂线于 R_2。过 R_2 画第二等效质量 $m_{e2} = m_1$ 的速度导纳直线 R_2B。则 QR_1AR_2B 是所求的骨架线。可以勾画出速度导纳的幅频曲线，如图 3-4 所示。

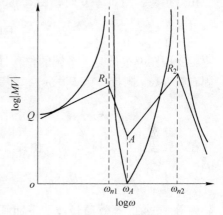

图 3-4 速度导纳的幅频曲线示意图

3.2.5 跨点导纳特性及其骨架线

由式 (3-15)

$$MD_{21}(\omega) = \frac{\widetilde{X}_2}{\widetilde{f}} = \frac{K_2 + jC_2\omega}{\det[ZD(\omega)]} \tag{3-42}$$

忽略阻尼，令 $C_1 = C_2 = 0$，并将分母写成因式分解形式

$$MD_{21}(\omega) = \frac{K_2}{m_1 m_2 (\omega^2 - \omega_{n1}^2)(\omega^2 - \omega_{n2}^2)} \tag{3-43}$$

当激振频率 ω 由低到高变化时，由式（3-43）可以看出，在固有频率附近会出现峰值，跨点导纳测试也能反映出系统的固有频率。反共振现象没有一定规律，在两个自由度系统的跨点导纳中没有反共振。为区别起见，前面的称为原点反共振，这里称为跨点反共振。下面推导骨架线。将式（3-43）写成如下两种形式：

$$MD_{21}(\omega) = \frac{K}{m_1 m_2 \omega_{n1}^2 \cdot \omega_{n2}^2 (1 - \omega^2/\omega_{n1}^2)(1 - \omega^2/\omega_{n2}^2)} \tag{3-44}$$

由二次方程根和系数关系式

$$\omega_{n1}^2 \cdot \omega_{n2}^2 = \frac{K_1 K_2}{m_1 m_2} \tag{3-45}$$

$$MD_{21} = \frac{1}{K_1(1 - \omega^2/\omega_{n1}^2)(1 - \omega^2/\omega_{n2}^2)} \tag{3-46}$$

$$MD_{21} = \frac{K_2}{m_1 m_2 \omega^4 (1 - \omega_{n1}^2/\omega^2)(1 - \omega_{n2}^2/\omega^2)} \tag{3-47}$$

在低频段，当 $\omega \to 0$ 时，由式（3-46），得

$$MD_{21}(\omega \to 0) = \frac{1}{K_1} = MD[K_1] \tag{3-48}$$

当激振频率很低时，系统的位移导纳曲线以弹簧 K_1 的导纳为渐近线。在第一固有频率 ω_{n1} 附近，由 K_1、ω_{n1} 求得第一等效质量

$$m_{e1} = \frac{K_1}{\omega_{n1}^2} \tag{3-49}$$

在高频段，当 $\omega \to \infty$ 时，由式（3-47），得

$$MD_{21}(\omega \to \infty) = \frac{K_2}{m_1 m_2 \omega^4} = \frac{\omega_A^2/\omega^2}{m_1 \omega^2} \tag{3-50}$$

是斜率等于-4的等效质量线。下面画出骨架线。先画出 QR_1 低频导线渐近线，由 R_2 画 $R_1 R_2$ 第一等效质量 m_{e1} 的导纳线，斜率等于-2。过 R_2 画高频等效质量导纳线 $R_2 B$，斜率等于-4，$QR_1 R_2 B$ 即为所求的骨架线。据骨架线描绘出的幅频、相频特性曲线，如图3-5所示。下面证明第一等效质量的导纳线，和高频等效质量导纳线在 R_2 处相交，第一等效质量导纳在 R_2 处的值：

$$MD_{21}(R_2) = \frac{1}{m_{e1}\omega_{n2}^2} = \frac{\omega_{n1}^2}{K_1 \omega_{n2}^2} \tag{3-51}$$

高频等效质量导纳在 R_2 处的值：由 $\omega_{n1}^2 \omega_{n2}^2 = K_1 K_2/m_1 m_2$，得

$$MD_{21}(R_2') = \frac{K_2}{m_1 m_2 \omega_{n2}^4} = \frac{K_2}{m_1 m_2 \omega_{n2}^2 \frac{\omega_{n2}^2}{\omega_{n1}^2}} = \frac{\omega_{n1}^2}{K_1 \omega_{n2}^2} \tag{3-52}$$

二者相等，R_2 和 R_2' 重合即 R_1R_2 为一条直线。

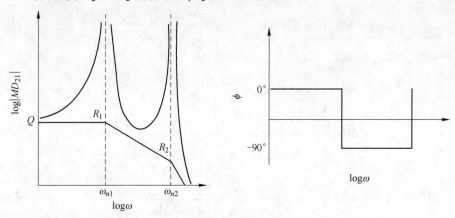

图 3-5 幅频、相频特性曲线

利用原点跨点导纳求振型。式(3-14)和式(3-15)，当 $C_1 = C_2 = 0$ 时：

$$\frac{X_2}{X_1} = \frac{MD_{21}}{MD_{11}} = \frac{K_2}{K_2 - m_2\omega^2} = \rho \tag{3-53}$$

当 $\omega = \omega_{n1}$ 时，得第一振型

$$\rho_1 = \frac{X_2}{X_1} = \frac{K_2}{K_2 - m_2\omega_{n1}^2} \tag{3-54}$$

当 $\omega = \omega_{n2}$ 时，得第二振型

$$\rho_2 = \frac{X_2}{X_1} = \frac{K_2}{K_2 - m_2\omega_{n2}^2} \tag{3-55}$$

令 $X_1 = 1$，则振型矩阵为

$$[\phi] = \begin{bmatrix} 1 & 1 \\ \rho_1 & \rho_2 \end{bmatrix}$$

实际上每阶振型中的原点导纳 MD_{11} 是相同的，根据振型是相对量之比，所以确定振型时，取决于跨点导纳函数。

3.3 自由—自由系统的导纳特性

实际振动测量中对试件常采用固定或悬吊方式：一种是用螺钉或虎钳固定在质量很大的基础上，称为接地约束系统；另一种是用柔软弹簧吊起来模拟自由—自由状态。两种方式得到的导纳曲线在形式上有所不同。以两个自由度无阻尼系统为例（图 3-6）。

3.3.1 原点导纳特性

忽略阻尼，没有弹簧 K_1 约束时，相当于式(3-23)中令 $K_1 = 0$，如图 3-6 所示

的系统。原点导纳函数变为:

$$MD_{11}(\omega) = \frac{K_2 - m_2\omega^2}{(K_2 - m_1\omega^2)(K_2 - m_2\omega^2) - K_2^2} \tag{3-56}$$

展开分母,提出因式,

$$m_c = \frac{m_1 m_2}{m_1 + m_2} \tag{3-57}$$

则

$$MD_{11}(\omega) = \frac{K_2 - m_2\omega^2}{\omega^2(m_1 + m_2)\left(K_2 - \omega^2\dfrac{m_1 m_2}{m_1 + m_2}\right)}$$

$$= \frac{K_2 - m_2\omega^2}{\omega^2(m_1 + m_2)(K_2 - \omega^2 m_c)} \tag{3-58}$$

当激振频率 ω 从小变大,如 $\omega^2 = \omega_n^2 = K_2/m_c$ 时,分母为零,导纳趋于无穷大,称 ω_n 为共振频率。由于取消了约束弹簧 K_1,一个振动自由度变为刚体运动自由度,只有一个共振频率。当频率 $\omega^2 = \omega_A^2 = K_2/m_2$ 时,$MD_{11}(\omega_A) = 0$,出现反共振。第一个固有振动由刚体运动所代替,所以,反共振频率在先,共振频率在后地互相交替出现。可以证明 $\omega_A < \omega_{n0}$:

$$\omega_n = \sqrt{\frac{K_2}{m_c}} = \sqrt{\frac{K_2}{\dfrac{m_1 m_2}{m_1 + m_2}}}$$

$$= \sqrt{\frac{K_2}{m_2} + \frac{K_2}{m_1}} > \sqrt{\frac{K_2}{m_2}} = \omega_A \tag{3-59}$$

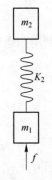

图 3-6 二自由度系统示意图

3.3.2 骨架线

从式 (3-58) 出发,据 $\omega_A^2 = K_2/m_2$ 及 $\omega_n^2 = K_2/m_c$,有

$$MD_{11}(\omega) = \frac{K_2(1 - \omega^2/\omega_A^2)}{\omega^2 K_2(m_1 + m_2)(1 - \omega^2/\omega_n^2)} \tag{3-60a}$$

$$MD_{11}(\omega) = \frac{\omega^2 - \omega_A^2}{\omega^2 m_1(\omega^2 - \omega_n^2)} \tag{3-60b}$$

在低频段,$\omega \to 0$,由式 (3-60a) 得

$$MD_{11}(\omega \to 0) = \frac{1}{\omega^2(m_1 + m_2)} = MD(m_1 + m_2) \tag{3-61}$$

系统的导纳曲线以等效质量 $m_{e0} = m_1 + m_2$ 的位移导纳直线为渐近线。当激振

频率 ω 很低时，两质量块连同一起振动，它们的合惯性力与外力平衡。

在高频段，$\omega \to \infty$，由式（3-60b）得

$$MD_{11}(\omega \to \infty) = \frac{1}{\omega^2 m_1} = MD(m_1) \qquad (3\text{-}62)$$

系统的导纳曲线以质量块 m_1 的位移导纳直线为渐近线，第一等效质量 $m_{e1} = m_1$。这时，m_2 近似不动，m_1 的惯性力与外力平衡。

取双对数坐标轴，画低频段等效质量 $m_{e0} = m_1 + m_2$ 的位移导纳线 QA 交自 ω_A 引出的垂线于 A 点。由 A 画水平线 AR_1，交从 ω_n 引出的垂线于 R_1 点，由 R_1 画高频段等效质量 $m_{e1} = m_1$ 的位移导纳线 $R_1 B$，QAR_1 是所求的骨架线。画出系统的导纳图，如图 3-7 所示。证明 AR_1 是第一等效刚度线。一个单自由度的弹簧质量系统与多自由度系统共振峰值附近可以等效。由 R_1 处的 ω_n 及 $m_{e1} = m_1$ 的值，可以求得第一等效刚度

$$K_{e1} = \omega_n^2 \cdot m_1 = \omega_A^2 (m_1 + m_2) \qquad (3\text{-}63)$$

在 A 点的等效质量 $m_{e0} = m_1 + m_2$ 的导纳，为

$$\frac{1}{\omega_A^2 (m_1 + m_2)} = \frac{1}{K_{e1}} \qquad (3\text{-}64)$$

等于第一等效刚度导纳值，AR_1 是水平直线。

自由—自由系统的速度导纳的骨架线具有更规则的形式，如图 3-8 所示。

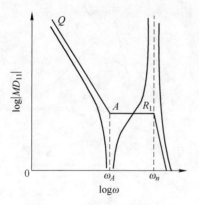

图 3-7 二自由系统的导纳图

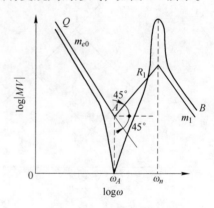

图 3-8 速度导纳的骨架线

3.3.3 骨架线的用途

3.3.3.1 参数识别

上面介绍了由已知系统的参数，计算出导纳函数，并研究了导纳函数的特性及其骨架线的画法。下面提出一个反问题，由已测得的导纳曲线是否能估计出此振动系统的参数。对简单系统来说利用骨架线法是可以做到的。

有了导纳曲线，就能画出三条骨架线，从图上可以测得等价参数 m_{e0}、K_{e1}、m_{e1} 的三个数值，根据关系式：

$$\begin{cases} m_{e0} = m_1 + m_2 \\ K_{e1} = \omega_A^2(m_1 + m_2) = K_2\left(1 + \dfrac{m_1}{m_2}\right) \\ m_{e1} = m_1 \end{cases} \tag{3-65}$$

求解次线性代数方程组，可以解出 m_1、m_2、K_2，得到系统三个参数，这就是最简单的参数识别问题。

3.3.3.2 估计当系统参数变化时对系统振动特性的影响

仍以两个自由度自由—自由系统为例。系统由 m_1、m_2 及 K_2 组成，系统速度导纳的骨架线的结构形式已定。图 3-9（a）表示弹簧 K_2 的刚度变大时，反共振频率 ω_A 和共振频率 ω_n 的变化情况。图 3-9（b）表示，当 m_1、K_2 不变而 m_2 增大时，反共振频率减小的趋势。在已测得系统的导纳图上，就可以修改参数进行振动系统的设计，达到振动控制的目的。

用骨架线识别振动系统等效参数的方法简单，适用于小阻尼且固有频率离的较远的自由度数较少的系统。对简单连续系统，也能识别低阶的模态特性。

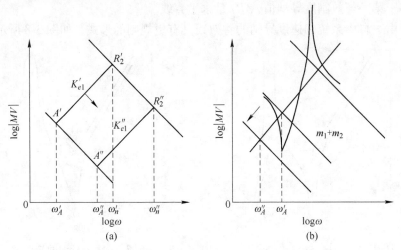

图 3-9 反共振频率和共振频率的变化情况示意图

（a）弹簧的刚度变大时；（b）当 m_1、K_2 不变而 m_2 增大时，反共振频率减小

3.3.3.3 利用骨架线能检测所测导纳曲线是否合理

从每一共振变到反共振点，骨架线的斜率变化应保持±2。如果测得导纳曲线不符合这一规律，表明测量有错误。对原点导纳必需遵守共振反共振点相互交替的规律，否则存在错误。试件对地固定和自由悬吊的边界条件是否得到保证，

可以用低频区的骨架线检测出来。接地试件的低频骨架线，是一条刚度导纳直线，刚度值表示测点的静刚度。自由悬吊试件的低频骨架线是一条质量导纳直线，质量的值等于激振点的值等效质量。但是，绝对自由悬吊条件是不存在的。所以，实际的自由悬吊试件的低频骨架线的起始一段，还是刚度导纳线。因此，要注意区分选择系统的低频谐振与试件固有频率这个问题。

3.3.4 骨架线法的推广

以上绘制骨架线是都没有计入系统的阻尼，和单自由度系统一样，共振峰值的高度与阻尼比有关。利用等效单自由度的阻尼比，可以确定等效系统共振峰值的高度，使得绘出的骨架法更接近实际情况。

骨架线法可以推广到串联的 N 阶系统。对接地约束系统，在质量 m_N 处激振，在 m_N 处测量的原点导纳函数可以写成

$$MD_{NN}(\omega) = \frac{\widetilde{X}_N}{\widetilde{f}_N} = \frac{m_1 \cdots m_{N-1}(\omega_{A1}^2 - \omega^2) \cdots (\omega_{AN-1}^2 - \omega^2)}{m_1 \cdots m_N(\omega_{n1}^2 - \omega^2) \cdots (\omega_{nN}^2 - \omega^2)} \qquad (3-66)$$

根据这个函数画出的导纳函数及骨架线如图 3-10 所示。

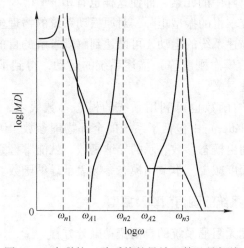

图 3-10 串联的 N 阶系统的导纳函数及骨架线

N 阶串联的自由—自由系统，当在 N 点激振、在 N 处测量时的原点导纳函数为

$$MD_{NN}(\omega) = \frac{\widetilde{X}_N}{\widetilde{f}_N} = \frac{m_1 \cdots m_{N-1}(\omega_{A1}^2 - \omega^2) \cdots (\omega_{AN-1}^2 - \omega^2)}{-m_1 \cdots m_N \omega^2(\omega_{n1}^2 - \omega^2) \cdots (\omega_{n1N-1}^2 - \omega^2)} \qquad (3-67)$$

根据这个函数画出的导纳函数及骨架线如图 3-11 所示。

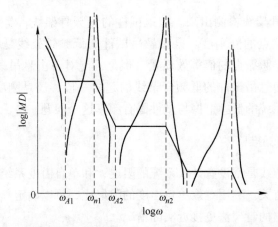

图 3-11 N 阶串联的自由系统，当在 N 点激振时的导纳函数及骨架线

3.4 导纳函数的实模态展开式

n 个自由度振动系统的导纳矩阵是 $n \times n$ 阶矩阵，掌握系统的动态特性需要掌握这 n^2 个函数。每个导纳函数都需要大量的数据。由于导纳矩阵的对称性，至少也得掌握半三角阵中的元素，即使这样也有 $n(n+1)/2$ 个元素。根据振动理论，利用无阻尼系统求得的振型矩阵，对原振动系统的物理坐标进行变换，化到主坐标或模态坐标描述系统的运动，可以达到解耦求解的目的。同时，可利用模态参数（模态质量、模态刚度等）描述系统的运动，得到了各阶主振动的迭加结果，有明显的物理意义。

导纳矩阵或导纳函数也可利用系统的模态参数表示，由于 n 组模态参数（K_i、M_i、ω_{ni}、ζ_i、$\{\phi\}_i$）中包括了系统的全部物理参数。测试导纳函数时，如果能测出一行或一列由模态参数表示的导纳函数，就能掌握系统的动态特性。这样，测试数据可大幅度减少。本节用模态参数表示导纳函数。

3.4.1 无阻尼振动系统的固有频率及振型

研究 n 个自由度无阻尼系统的自由振动微分方程

$$[M]\{\ddot{X}\} + [K]\{X\} = \{0\} \tag{3-68}$$

受约束的弹性系统 $[M]$、$[K]$ 是对称、正定、实元素矩阵。自由弹性系统，$[K]$ 是半正定矩阵。

设

$$\{x\} = \{\phi\}e^{j\omega t} \tag{3-69}$$

代入式（3-68），得

$$([K] - \omega^2[M])\{\phi\} = \{0\} \tag{3-70}$$

此为 n 元线性齐次代数方程组，有非零解时，其系数行列式为零

$$\det([K] - \omega^2[M]) = 0 \tag{3-71}$$

称式（3-71）为特征方程式，将行列式展开后得到 ω^2 的 n 阶代数方程式。

$$\omega_{2n}^2 + \alpha_1\omega^{2(n-1)} + \alpha^2\omega^{2(n-2)} + \cdots + \alpha_{n-1}\omega^2 + \alpha_n = 0 \tag{3-72}$$

对于正定系统，由式（3-72）可解出 n 个正实根

$$0 < \omega_{n1}^2 < \omega_{n2}^2 < \cdots < \omega_{nn}^2$$

称为特征值，开方后等于系统的固有频率。对每个 ω_{ni} 值代入式（3-70），可解出一列 $\{\phi\}_i$，其中元素皆为实数，称为特征矢量。代表各质点振动时的振幅比，也叫振型矢量或实模态。将 n 个振型矢量按如下次序排列

$$[\phi] = [\{\phi\}_1 \{\phi\}_2 \cdots \{\phi\}_n] \tag{3-73}$$

得振型矩阵，写成展开式，为

$$[\phi] = \begin{bmatrix} \phi_{11} & \phi_{12} & \cdots & \phi_{1n} \\ \phi_{21} & \phi_{22} & \cdots & \phi_{2n} \\ \vdots & \vdots & \vdots & \vdots \\ \phi_{n1} & \phi_{n2} & \cdots & \phi_{nn} \end{bmatrix} \tag{3-74}$$

该式为 $n \times n$ 阶矩阵。在实验模态分析中，只对某频段和某些点识别，这时，n 为矩阵的列数；对应所识别的固有频段数，m 为矩阵的行数，代表测量坐标点的数目。振型矩阵为 $m \times n$ 阶。

3.4.2 主振型的正交性

由于矩阵 $[M]$、$[K]$ 是对称的，所以特征向量对 $[M]$、$[K]$ 矩阵具有加权正交性，即

$$\{\phi\}_i^T[K]\{\phi\}_j = \begin{cases} 0 & (i \neq j) \\ K_i & (i = j) \end{cases}$$

$$\{\phi\}_i^T[K]\{\phi\}_j = \begin{cases} 0 & (i \neq j) \\ M_i & (i = j) \end{cases}$$

因为 ω_{ni}^2 及 $\{\phi\}_i$，ω_{nj}^2 及 $\{\phi\}_j$ 是方程（3-70）的两组解，所以

$$[K]\{\phi\}_i = \omega_{ni}^2[M]\{\phi\}_i \tag{3-75}$$

$$[K]\{\phi\}_j = \omega_{nj}^2[M]\{\phi\}_j \tag{3-76}$$

分别在式（3-75）和式（3-76）两边左乘列阵 $\{\phi\}_j$ 及 $\{\phi\}_i$ 的转置 $\{\phi\}_j^T$ 及 $\{\phi\}_i^T$，有

$$\{\phi\}_j^T[K]\{\phi\}_i = \omega_{ni}^2\{\phi\}_j^T[M]\{\phi\}_i \tag{3-77}$$

$$\{\phi\}_i^T[K]\{\phi\}_j = \omega_{nj}^2\{\phi\}_i^T[M]\{\phi\}_j \tag{3-78}$$

由于 $[K]$、$[M]$ 均为对称矩阵，所以

$$[M]^T = [M], \quad [K]^T = [K] \tag{3-79}$$

将式（3-77）两端取转置，有

$$(\{\phi\}_j^T [K] \{\phi\}_i)^T = \omega_{ni}^2 (\{\phi\}_j^T [M] \{\phi\}_i)^T$$

$$\{\phi\}_i^T [K] \{\phi\}_j = \omega_{ni}^2 \{\phi\}_i^T [M] \{\phi\}_j \tag{3-80}$$

式（3-80）减去式（3-78），有

$$0 = (\omega_{ni}^2 - \omega_{nj}^2) \{\phi_i\}_i^T [M] \{\phi\}_j \tag{3-81}$$

因为 $\omega_{ni} \neq \omega_{nj}$，故有

$$\{\phi\}_i^T [M] \{\phi\}_j = 0$$

代入式（3-80），有

$$\{\phi\}_i^T [M] \{\phi\}_j = 0$$

这就证明了主振型的正交性。利用这一性质便可将 $[M]$、$[K]$ 矩阵对角化，达到将方程（3-68）解耦的目的。用振型矩阵 $[\phi]$ 及其转置 $[\phi]^T$ 分别右乘和左乘矩阵 $[M]$、$[K]$ 矩阵，有

$$[\phi]^T [M] [\phi] = \mathrm{diag}[M_1, \ M_2, \ \cdots, \ M_n] = [M] \tag{3-82}$$

$$[\phi]^T [K] [\phi] = \mathrm{diag}[K_1, \ K_2, \ \cdots, \ K_n] = [K] \tag{3-83}$$

M_i、K_i 均为正实数，分别称为第 i 阶主质量及第 i 阶主刚度，即模态质量和模态刚度。由式（3-77）、式（3-78）和式（3-80）可得

$$\omega_{ni} = \frac{\{\phi\}_i^T [K] \{\phi\}_i}{\{\phi\}_i^T [M] \{\phi\}_i} = \frac{K_i}{M_i} \qquad (i = 1, \ 2, \ 3, \ \cdots, \ n) \tag{3-84}$$

即 i 阶固有频率的平方值 ω_{ni}^2 等于第 i 阶主刚度与第 i 阶主质量的比值。

计入系统的阻尼时，一般阻尼矩阵 $[C]$ 也是正定或半正定矩阵。黏性阻尼矩阵不具有对实模态振型向量的正交性。所以不能利用实振型矩阵，将具有黏性阻尼的振动系统解耦求解，这属于复模态问题。但是，工程中常用的结构阻尼和比例阻尼矩阵，都可以借实模态矩阵对角化。因为，

$$[C] = jg[K]$$

$$[C] = \alpha[M] + \beta[K] \tag{3-85}$$

式中，g，α，β 皆为常数；矩阵 $[C]$ 是刚度矩阵 $[K]$ 和质量矩阵 $[M]$ 的线性组合，可以对角化

$$[\phi]^T [C] [\phi] = \mathrm{diag}[C_1, \ C_2, \ \cdots, \ C_n] = [C] \tag{3-86}$$

阻尼矩阵可以利用实模态对角化的充分必要条件：

$$[C] [M]^{-1} [K] = [K] [M]^{-1} [C]$$

实际上符合这种条件的矩阵并不多。

3.4.3 有阻尼系统导纳函数的实模态展开式

研究简谐激励的稳态响应，并假设系统中存在的阻尼矩阵均满足上一节的条

件。系统的运动微分方程有：

$$[M]\{\ddot{X}\} + [C]\{\dot{X}\} + [K]\{X\} = \{F\} \qquad (3-87)$$

设在 p 点的激励力为 $F_p e^{j\omega t}$，于是力的列向量

$$\{F\}^T = \{0, 0, \cdots, F_p, \cdots, 0\} e^{j\omega t}$$

激振力的相位取零，对线性系统稳态响应有如下形式的解

$$\{x\} = \{\phi\} e^{j\omega t}$$

代入式（3-87）中

$$([K] - \omega^2[M] + j\omega[C])\{x\} = \{F\} \qquad (3-88)$$

以实振型矩阵为基底，进行坐标变换，令

$$\{x\} = [\phi]\{q\} \qquad (3-89)$$

$\{q\}$ 为主坐标或模态坐标，将式（3-89）代入式（3-88）中，并用 $[\phi]^T$ 左乘等式两边，有：

$$([K] - \omega^2[M] + j\omega[C])\{q\} = [\phi]^T\{F\} \qquad (3-90)$$

为 n 个已经解耦的二阶微分方程。取出第 i 行方程，为

$$(K_i - \omega^2 M_i + j\omega c_i)q_i = \sum_{j=1}^{n} \phi_{ji}F_j \quad (i = 1, 2, \cdots, n) \qquad (3-91)$$

$$q_i = \frac{1}{K_i - \omega^2 M_i + j\omega c_i} \sum_{j=1}^{n} \phi_{ji}F_j \quad (i = 1, 2, \cdots, n) \qquad (3-92)$$

称为第 i 阶主模态振动响应，$\sum_{j=1}^{n} \phi_{ji}F_j$ 为 i 阶广义力。代回式（3-89）写出第 l 个物理坐标，有

$$x_l = \phi_{l1}q_1 + \phi_{l2}q_2 + \cdots + \phi_{ln}q_n = \sum_{i=1}^{n} \phi_{li}q_i \qquad (3-93)$$

任一物理坐标 x_l 的响应等于 n 阶主模态响应的迭加，模态迭加法。

根据上述公式，推出实模态情况下，导纳函数（传递函数）的展开式。

设在 p 点采用单点激振，激振力为

$$\{F\} = \{0, 0, \cdots, F_p, \cdots, 0\}^T e^{j\omega t}$$

第 i 阶广义力为 $\qquad \sum_{j=1}^{n} \phi_{ji}F_j = \phi_{pi}F_p$

第 i 阶主振动 $\qquad q_i = \dfrac{\phi_{pi}F_p}{K_i - \omega^2 M_i + j\omega c_i} \quad (i = 1, 2, \cdots, n) \qquad (3-94)$

第 l 坐标的响应，由式（3-93），有

$$x_l = \sum_{i=1}^{n} \phi_{li} \frac{\phi_{pi}F_p}{K_i - \omega^2 M_i + j\omega c_i} \qquad (3-95)$$

在 p 点激振，在 l 点测振的传递导纳为

$$M_{lp}(\omega) = \frac{x_l}{F_p} = \sum_{i=1}^{n} \frac{\phi_{li}\phi_{pi}}{K_i - \omega^2 M_i + j\omega c_i}$$

$$= \frac{\phi_{l1}\phi_{p1}}{K_1 - \omega^2 M_1 + j\omega c_1} + \frac{\phi_{l2}\phi_{p2}}{K_2 - \omega^2 M_2 + j\omega c_2} + \cdots +$$

$$\frac{\phi_{ln}\phi_{pn}}{K_n - \omega^2 M_n + j\omega c_n} \qquad (3\text{-}96)$$

激振点的原点导纳函数

$$M_{pp}(\omega) = \frac{x_p}{F_p} = \sum_{i=1}^{n} \frac{\phi_{pi}\phi_{pi}}{K_i - \omega^2 M_i + j\omega c_i} \qquad (3\text{-}97)$$

式（3-96）和式（3-97）两式表示了多自由度系统在单点简谐激振时，传递导纳和原点导纳与模态参数 K_i、M_i、C_i、$\{\phi\}$ 之间的关系，称为导纳函数的实模态展开式，在模态分析中非常有用。

振动测量中将式（3-96）写成以下形式：

$$\begin{aligned}
M_{lp}(\omega) &= \sum_{i=1}^{n} \frac{\phi_{li}\phi_{pi}}{K_i\left[\left(1 - \dfrac{\omega^2}{\omega_{ni}^2}\right)^2 + j2\zeta_i \dfrac{\omega}{\omega_{ni}}\right]} \\
&= \sum_{i=1}^{n} \frac{1}{K_{ei}^{lp}\left[\left(1 - \dfrac{\omega^2}{\omega_{ni}^2}\right) + j2\zeta_i \dfrac{\omega}{\omega_{ni}}\right]} \\
&= \sum_{i=1}^{n} \frac{\phi_{li}\phi_{pi}}{M_i(\omega_{ni} - \omega^2 + j2\zeta_i\omega_{ni}\omega)} \\
&= \sum_{i=1}^{n} \frac{1}{M_{ei}^{lp}(\omega_{ni}^2 - \omega^2 + j2\zeta_i\omega_{ni}\omega)} \\
&= \sum_{i=1}^{n} \frac{\lambda_{ei}^{lp}}{\left(1 - \dfrac{\omega^2}{\omega_n^2}\right) + j2\zeta_i \dfrac{\omega}{\omega_{ni}}} \qquad (3\text{-}98)
\end{aligned}$$

式中　　$K_{ei}^{lp} = \dfrac{K_i}{\phi_{li}\phi_{pi}}$ —— p 点激振 l 点测量第 i 阶模态的有效刚度；

$M_{ei}^{lp} = \dfrac{M_i}{\phi_{li}\phi_{pi}}$ —— p 点激振 l 点测量第 i 阶模态的有效质量；

$\lambda_{ei}^{lp} = \dfrac{\phi_{li}\phi_{pi}}{K_i}$ —— p 点激振 l 点测量第 i 阶模态的有效柔度；

$\omega_{ni} = \sqrt{\dfrac{K_i}{M_i}} = \sqrt{\dfrac{K_{ei}^{lp}}{M_{ei}^{lp}}}$ ——系统第 i 阶固有频率；

$\zeta_i = \dfrac{c_i}{2M_i\omega_{ni}}$ ——系统第 i 阶模态阻尼比。

4 圆锯片减振降噪的国内外研究现状

4.1 圆锯片的应用现状

在木材、冶金、大理石、混凝土等原材料切割行业，圆锯片都因其切削性能良好和加工效率高而得到广泛的应用。木工圆锯片是木材加工行业使用的基本切削刀具之一，用量较大。木工锯片主要用于原木、刨花板等各种木材的切割。冶金行业中，每一年我国能生产上亿吨的热轧及冷轧型材、管材、棒材，上述80%以上的产品都要用圆锯机进行切头、切尾、定尺切断操作。近年来，随着石材加工行业的繁荣，金刚石圆锯片用量越来越大。据权威资料统计，目前世界上工业金刚石70%左右用于制造石材加工工具，其中占绝大多数的是金刚石圆锯片。无论是木工圆锯片、冶金圆锯片，还是金刚石圆锯片，它们都有着共同的特征，那就是刀具消耗量比较高，圆锯片用量大，所以研究圆锯片的减振降噪，具有重要意义。

圆锯片锯切的时候，高速旋转，所受到的振动较大，又由于其面积大、刚性差，受激振动极易辐射较大的噪声。圆锯片旋转速度越高，锯切时圆锯片所受的激励越剧烈，相对振动噪声也越大，产生的噪声污染越严重。据调查，绝大多数锯机车间的噪声水平都未达到国家相关部门的要求。例如，某钢管厂锯机车间的噪声则可达130~150dB，尤其是噪声中高频部分，尖锐刺耳，令人难以忍受，这都危害着车间工作人员的身体健康。即便是一些小型圆盘手锯，其噪声污染也同样不容忽视。解决圆锯片减振降噪问题，不仅关乎锯件的生产质量问题，而且也关乎着人们的身体健康问题。因此，研究圆锯片减振降噪问题，就自然涉及振动、噪声等领域的多学科交叉问题。

减小圆锯片自身的振动是圆锯片降噪技术的一个主要研究方向，这是因为锯片噪声大部分来源于圆锯片振动时锯面辐射的噪声，另外圆锯片的振动会使锯路扩大，给锯件质量带来严重影响。研究圆锯片的振动与降噪技术，需要对其本身的振动形式进行分析，寻找具有良好减振特性和低噪声辐射的圆锯片。在以往的几十年里，国内外对圆锯片振动和噪声问题开展了广泛的理论与实验研究工作，先后发展了含槽孔圆锯片、层合阻尼圆锯片等具有低噪声辐射的圆锯片。由于圆锯片振动与噪声本身较为复杂，又涉及多学科综合知识，大多数研究者是依靠特定实验条件下得到的经验进行研究的。实际经验的确重要，但是在理论上对圆锯片振动噪声机理的深入研究，即对锯片本身振动问题的研究也很有必要。以有限元软件为工具，对圆锯片的振动机理进行研究，分析开槽、开槽填充阻尼材料以及夹层等因素对改善圆锯片振动噪声问题的效果，并对夹层锯片进行谐响应分析、屈曲分析，为设计具备良好减振降噪性能的锯片，具有指导意义。

4.2　圆锯片减振降噪的国内外研究现状

4.2.1　圆锯片振动的研究

国外学者对圆锯片振动进行了研究，早在 1921 年，Lamb 等学者就开始了对旋转圆盘振动的深入研究，推导出了圆盘的线性横向运动方程，阐述了回转圆盘处于不稳定状态下的振动基本理论，Mote C D 利用小挠度理论基本假设，把圆锯片简化为等厚薄圆环板，边界条件设为中间固支外边缘自由，建立锯片自由振动微分方程，利用贝塞尔函数分析其响应情况。Matui 具体解释了一种能够求解圆锯片动态特性的方法，并采用不同直径的圆锯片，对振型相同的锯片所对应的固有频率进行对比分析，发现其频率大致相等。MacBain 和 Horner 通过有限元方法，分析锯片的离心力对固有频率的影响，再利用实验仪器原位全息干涉仪具体研究旋转圆盘的共振响应。Ukvalberqiene K 等在实验条件下研究锯片振动模态的相互影响情况。Orlowski Kazimier 等学者提出了计算圆锯片临界转速的脉冲测试成像技术，并深入研究改善临界转速的问题。Tobias 和 Arnold 分别对理想圆盘和有缺陷的圆盘进行自由振动以及强迫振动分析，并对强迫振动的线性区和非线性区进行了一系列的试验研究分析。

国内的研究主要有：邹家祥、沈祥芬、熊华等采用不同方法，系统研究了金属圆锯片的动态特性，对于影响锯片振动特性的诸多因素，譬如对旋转预应力、夹径比、轴向锯切力大小方向等，都有着较深入的理论研究。李黎、习宝田对锯片的动态稳定性进行了重点研究，分析了影响圆锯片动态特性的各种因素，研究了提高锯片动态稳定性和控制锯片振动的技术方法问题，发展了圆锯片临界转速理论。吴雪松建立了金刚石圆锯片平面的应力计算模型和方法。徐西鹏通过有限元法研究了影响金刚石圆锯片动态特性的因素，理论分析了圆锯片的厚度、转速、夹径比等因素对其固有频率的影响。臧勇等详细分析了圆锯片的振动模态，对锯片各阶的固有频率和主振型都进行了详细的描述。郭兴旺研究了影响锯片振动特性的主要因素，并提出了锯片的固有频率和模态振型随影响因素变化等重要结论。河北工业大学的一些学者也研究了圆锯片的振动特性和降噪技术，指出了圆锯片减振降噪技术未来的发展方向。

4.2.2　圆锯片开槽降噪的研究

圆锯片的开槽最初是用来释放工作过程中的热应力，后来一系列实践证明开槽也是减少锯片振动和降低噪声的有效手段。随着计算机辅助激光切割加工技术的发展和应用，圆锯片的开槽技术也越来越成熟。Mote C D 等学者大量研究了孔槽等对锯片动态特性的影响，提出开槽可以作为圆锯片的微小扰动，利用摄动理论分析了开槽对锯片固有频率的影响，研究缺陷圆锯片的非线性振动问题，并深入分析圆锯片振动特性随开孔槽变化规律问题。Satoru Nishio 等主要研究了开槽对锯片横向振动的影响，详细分析了开槽问题对圆锯片的振动模态和临界速率的影响。Bobeczko M S 通过实验发现，基体开槽的圆锯片在工作状态下能够有效降低锯片辐射的噪声。为了解释开槽降噪的原因，学者提出大胆假设，认为圆锯片从基体周边到中心的振动线在开槽后被强行阻断，基体槽缝间的振动反射能够消耗振动能量，导致振动噪声减弱。Rajendra Singh 通过激光在圆锯片上开不同的径向槽，并实验研究其空转条件下的噪声情况，证明开槽锯片的几何不连续性可以在一定程度上控制噪声。

对圆锯片开槽降噪问题，国内也有不少学者进行了大量研究。仇君等采用有限元法及 ANSYS 软件，分析计算了不同开槽方式金刚石圆锯片的动态特性，对关于槽参数对锯片固有频率和模态振型的影响做了较全面的研究。李传信利用有限元分析系统 SuperSAP 分别对一般圆锯片和几种不同开细缝槽的锯片进行模态分析，通过锯片自身固有频率和模态振型的变化，对锯片开槽降噪机理进行分析研究，对未开槽、开不同槽的圆锯片进行动态特性试验，并与理论分析结果进行对比研究。崔文彬用有限元法计算开径向槽圆锯片振动特性时，发现开槽数目为奇数的圆锯片，其振动幅值相比开槽数为偶数的锯片要小些，因而锯片开槽数目多为奇数。华中科技大学的学者对大量激光切缝圆锯片进行了实验分析，研制出了消音性能良好的新型激光切缝金刚石圆锯片。石焕文利用数值计算方法建立了含细缝圆锯片的振动和噪声辐射模型，并分析研究了其振动特性及其辐射声场特性。

4.2.3　圆锯片阻尼降噪的研究

材料的阻尼性能可以用来衡量其耗散振动能量的能力大小。在圆锯片基体上添加阻尼材料改变系统阻尼进而影响其振动形式，这也是近年来圆锯片减振降噪技术发展的一种趋势。圆锯片的阻尼降噪研究主要有以下几种形式：

（1）采用高阻尼系数的材料作为锯片基体。Hattori N 等通过实验发现，采用SIA（12Cr-3Al-Fe）高阻尼合金材料作为基体的圆锯片在工作中能够有效降低啸叫声。采用相同基体圆锯片，通过不同方法增加基体阻尼系数时，发现阻尼锯片的噪声均有不同改善。这说明高阻尼系数的合金材料能够明显耗散振动能量，这对设计具有良好减振降噪性能的阻尼锯片有着很好的指导意义。

（2）在圆锯片基体上开槽并添加阻尼材料。对于常用的圆锯片，其基体材料大多数为阻尼系数很小的合金钢，不做任何处理的话，锯片的振动和噪声都会很大。由以往的研究可知，圆锯片基体上开槽可以有效改善锯片的振动形式，而通过锯片基体上开槽填充阻尼材料的一系列研究，发现此种方法也能较好的改善锯片的振动形式和降低噪声。

（3）采用三明治式夹层圆锯片，即圆锯片基体夹层中添加阻尼材料。20 世纪 80 年代的时候，美国的一些学者就开始设计夹层材料的圆锯片，后续一系列的研究表明，夹层阻尼锯片的减振降噪效果比较明显。河北工业大学李国彬等研制了一种具有良好降噪性能的夹层金刚石圆锯片，并对其消音机理做了详细的阐述。通过测试夹层阻尼锯片的噪声实验表明：阻尼夹层金刚石圆锯片在工况下的噪声总声压级，比一般普通金刚石锯片要低 20dB 左右。由此可见，研究开槽且夹层阻尼锯片的减振降噪具有重要意义。

4.3 圆锯片振动基础理论概述

4.3.1 圆锯片振动形式

圆锯片工作时高速旋转，受切削力复杂，振动形式复杂。将圆锯片锯切时振动分为横向振动、径向振动和扭转振动，各种振动形式并存使圆锯片振动更加剧烈，产生严重噪声。圆锯片锯切示意如图 4-1 所示。

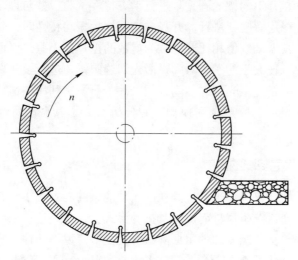

图 4-1 圆锯片锯切示意图

圆锯片的横向振动是圆锯片沿锯轴的轴向方向的一种往复位移运动，扭转振动是圆锯片以锯轴为中心的往复扭转位移运动，径向振动是圆锯片沿其锯面的伸缩位移运动。

由于圆锯片外径半径大，基体厚度小，圆锯片弯曲刚度也较小，因此相对于圆锯片的径向振动和扭转振动，横向振动是圆锯片的最主要振动形式。一般指圆锯片的振动为横向振动，它收集了圆锯片的大多数振动能量，其发生的主要因素为：

（1）圆锯片锯面外径大、基体厚度薄，圆锯片弯曲刚度小。圆锯片被安装在圆锯机上，锯切时高速旋转，锯齿周期性切割材料产生轴向力，外激励使圆锯片轻易产生横向振动。

（2）圆锯片属于薄圆板结构，常用的金刚石锯片要进行焊齿等工艺，加工时容易出现加工误差。圆锯片安装在锯轴上也会存在安装误差，使其锯切时断面倾斜，容易激发横向振动。

4.3.2 圆锯片振动模态

圆锯片的振动特性包括固有频率和模态，其中模态又被称为振型，是指圆锯片在某一特定频率振动下的振动形式。圆锯片的振动可以视为一系列低级振动振型的叠加。圆锯片的振动包括节径振动、节圆振动和复合振动，振动振型的形式可记为 (m, n)，其中 m 为节圆数，n 为节直径数。圆锯片典型的振动模态 $(0, 1)$ 和 $(0, 2)$ 如图 4-2 所示。

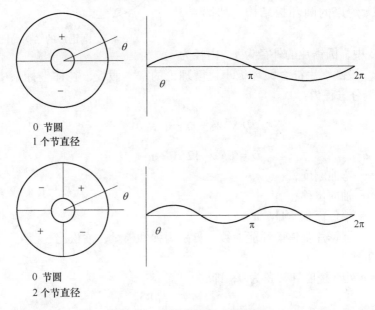

0 节圆
1 个节直径

0 节圆
2 个节直径

图 4-2　圆锯片的振动模态图

传统意义上，借助贝塞尔函数对圆锯片固有频率的计算中，依靠沙形振动实验对圆锯片振型进行判定。随着有限元软件的发展，模态分析后就能准确得到固有频率和振型，方便了对圆锯片振动的研究。一般而言，圆锯片的振动模态在低阶时表现为单一的节径或节圆振型，随着振动阶数的增加，同时具有节径和节圆的复合振型会出现。

圆锯片发生振动时，振型与特定阶数频率相对应，此时节径和节圆处振幅为0。圆锯片的固有频率与锯片的性能参数和结构参数有关，性能参数主要包括弹性模量、密度、泊松比等，结构参数主要包括圆锯片外径、夹径比、基体厚度、齿数、开槽形状和数目等。圆锯片在工作状况下受到外部激振力的影响，以特定振型发生振动，振动最显著的表现就是产生剧烈噪声，严重影响操作工人的身体健康。所以减小圆锯片振动或改变振型，理论上就是要去改变圆锯片的结构参数和性能参数。

4.3.3　圆锯片振动方程

在建立圆锯片自由振动微分方程过程中，一般将圆锯片视为薄形圆环板结构，在基于有限元软件的模态分析中常忽略锯齿建立模型。圆锯片在工作过程中牢固安装在锯轴上，此时圆锯片视为一个内孔固定、边缘无约束的圆环板结构，如图 4-3 所示。

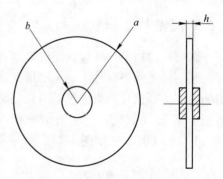

图 4-3　圆锯片的结构简图

图 4-3 中，圆锯片的外径为 a，内径为 b，厚为 h。设圆锯片符合圆环板小挠度理论的基本假设，在柱坐标系中的自由横向振动微分方程为：

$$D \nabla^4 W + m \frac{\partial^2 W}{\partial t^2} = 0 \tag{4-1}$$

$$D = E h^3 / [12(1 - \nu^2)]$$

式中　D——弯曲刚度；

　　　W——轴向位移；

　　　m——单位面积质量，$m = h\rho$；

E，ν，ρ——圆锯片基体的性能参数，分别为弹性模量、泊松比、密度。

边界条件为：

在 $r = b$ 处，挠度和转角为 0，即

$$[W]_{r=b} = 0 \qquad \left[\frac{\partial W}{\partial r} \right]_{r=b} = 0 \tag{4-2}$$

在 $r = a$ 处，弯矩和横向剪力为 0，即

$$\left[\frac{\partial^2 W}{\partial t^2} + \nu \left(\frac{1}{r} \frac{\partial W}{\partial r} + \frac{1 - \nu}{r^2} \frac{\partial^2 W}{\partial \theta^2} \right) \right]_{r=a} = 0 \tag{4-3}$$

$$\left[\frac{\partial}{\partial r} \left(\frac{\partial^2 W}{\partial r^2} + \frac{1}{r} \frac{\partial W}{\partial r} + \frac{1}{r^2} \frac{\partial^2 W}{\partial \theta^2} \right) + \frac{1 - \nu}{r^2} \frac{\partial^2}{\partial \theta^2} \left(\frac{\partial W}{\partial r} - \frac{W}{r} \right) \right]_{r=a} = 0 \tag{4-4}$$

式中　θ——圆柱坐标中的角度变量。

设方程（4-1）的解为

$$W = W(r,\theta)\sin\omega(t - t_0) \tag{4-5}$$

最后，求解贝塞尔函数可以得到数值上的解 w_{mn}，表示振型为（m，n）时对应阶数的固有频率。

利用贝塞尔函数计算圆锯片固有频率和模态的过程较繁冗，某些复杂圆锯片不能够准确建立函数，如开槽、带阻尼夹层圆锯片或圆孔锯片等。有限元软件能够对复杂圆锯片进行模态求解计算，且计算准确、效率高，可以推进对复杂圆锯片减振降噪的研究。

5 圆锯片线性振动的分析

　　针对圆锯片剧烈振动的问题，在圆锯片基体上开槽是减振降噪的重要措施。在圆锯片开槽割断振动线，切断振动波的传播途径，消耗了振动能量，从而降低了振动噪声。

　　针对圆锯片的振动问题，设计了几种代表性的开槽图案，通过圆锯片空转和锯切实验来观察不同开槽圆锯片的降噪效果。用 ANSYS 软件进行模态分析，从模态角度分析开槽的减振降噪机理，圆锯片开槽切断了圆锯片基体周边到中心的振动线，撕裂了振动模态，从而抑制了圆锯片的振动和降低了噪声。

5.1 有限元法及模态分析

5.1.1 有限元法及 ANSYS 软件

　　对于普通圆锯片，基于贝塞尔函数求解的解析方法和有限元法都能进行模态求解，得到圆锯片的固有频率和模态，对于带有开槽或夹层的复杂圆锯片，解析法所需的边界条件被破坏，解析法不能求解复杂圆锯片，有限元法能计算复杂圆锯片的振动。

　　有限元法是一种数值分析方法，基本思想就是"一分一合"。"一分一合"是指将要求解几何模型分解成一系列单元组合，各单元依靠节点进行联系，整体单元的组合就是需求解几何整体模型。有限元的计算就是将所有单元的函数求解进行组合，再加上边界条件整合成待求解的几何模型的总函数组。

　　随计算机技术发展，在工程领域中大量地采用有限元法进行仿真模拟，准确求解现实的工程问题。随着有限元法的不断应用，编制了高效运算的大型有限元软件，如 ANSYS 软件等。通常采用 ANSYS 软件计算开槽或阻尼夹层的复杂圆锯片振动。ANSYS 具有兼容性强、模块可扩展、能够进行线性和非线性分析、运算准确高效等优点，同时 ANSYS 具有多物理场耦合的功能，能够在同一模型的基础之上进行多样式的耦合计算，如热—结构耦合等。

　　ANSYS 软件的兼容性表现在可以兼容计算机操作系统，并且可以与 CAD 软件结合使用。能与 ANSYS 软件连接的 CAD 软件有 AutoCAD、SolidWorks、ProE 等，实现了数据共享与交换，方便建立有限元模型。该软件也被视为结构工程设计中的高级 CAD，得到了研究人员的认可，广泛用于机械制造业、土木工程、石油化工、生物医学等多个领域。

采用 ANSYS 软件对几种圆锯片进行模态分析和屈曲分析，模型中采用输入法建模、三维实体单元类型，约束条件均为圆锯片内径孔固定，边缘自由。采用了通用后处理和时间历程后处理，进行结果查看与操作。

5.1.2 基于 ANSYS 软件的模态分析

模态分析是获取结构体模态参数的过程，是分析和研究结构体振动特性的前提。模态参数包括固有频率和振型，是结构体的固有振动特性。模态分析是动力学计算的前提，结构体的复杂程度不同，结构的模态分析是通过有限元软件计算实现的。

用有限元法计算结构的固有频率和模态，忽略结构的阻尼，结构的振动方程为：

$$[K]\{\Phi_i\} = \omega_i^2 [M]\{\Phi_i\} \tag{5-1}$$

式中　$[K]$——结构总刚度矩阵；

　　$[M]$——结构总质量矩阵；

　　Φ_i——结构第 i 阶振型向量；

　　ω_i——结构第 i 阶固有频率。

求解式（5-1）主要有分块法、缩减法、子空间迭代法等，各种求解方法兼有优缺点，各方法的选择主要是根据模型复杂程度。

基于 ANSYS 的模态分析为线性计算过程，其他非线性参数、接触等都会被省略，首先建立有限元模型。常见的输入法建模是将 CAD 模型转到 ANSYS 软件后，改造成合适的有限元网格模型，从而实现数据的传递。在多数情况下，通过输入法导入 CAD 模型包含许多设计细节，如倒角和小孔等。这些细节会增加单元数，使有限元计算费时，还会影响计算准确程度。利用 ANSYS 对圆锯片进行有限元计算时，忽略锯齿参数对圆锯片的模态与屈曲的影响。

5.2　开槽圆锯片的有限元模态分析

5.2.1　开槽降噪的理论

开槽是利用激光在圆锯片基体上切缝，包括基体内部开槽和周边开槽两种，用于圆锯片的减振降噪。圆锯片基体内开槽一般垂直于锯面半径，通常称为纬向槽；圆锯片周边开槽一般沿锯面半径方向，通常称为径向槽。槽形、槽长、槽宽及槽的位置的不同都会影响圆锯片的减振降噪效果。在开槽圆锯片的研制中，通常将径向槽和纬向槽联合应用，以更好地实现圆锯片减振降噪。

5.2.2　开槽方案的设计

以 ϕ115mm 圆锯片为对象，约束条件，内孔固定，边缘自由。其结构参数为：外径 $D=115$mm，内径 $d=20$mm，厚度 $t=1.2$mm；物理参数为：材料密度 7800kg/m^3，弹性模量 210GPa，泊松比 0.3。

圆锯片的开槽有基体内部开槽和周边开槽，或两者开槽结合。为研究开槽的降噪效果，周边开槽设计了常见的直线形开槽，槽长 20mm。为防止应力集中，直线槽尾部带有圆孔，圆孔不宜过大，这主要是因为圆孔过大会加剧空气动力性噪声的产生。在圆锯片基体内部开槽，设计了三种有代表性的简单图案：直线、圆弧及波浪。

圆锯片开槽越宽，减振降噪效果越好，同时，圆锯片刚度随开槽宽度减小，所以应根据实际生产的不同需求选择适宜的槽宽。根据圆锯片开槽指标和该圆锯片的结构参数，设定周边槽宽 2mm，内部槽宽 0.5mm。基于研究实验对象的控制变量原则，设计了方案 1、2、3、4、5、6、7 和 8 共八种方案圆锯片，各方案圆锯片模型如图 5-1 所示。

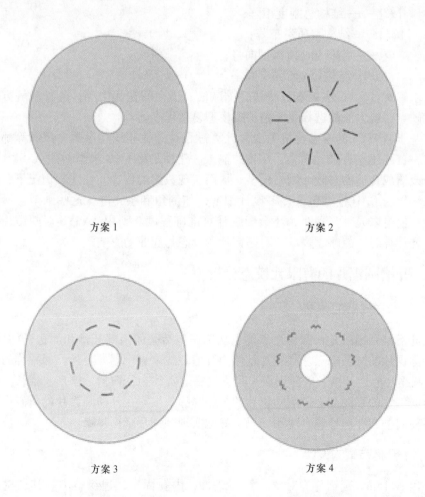

方案 1　　　　　　　　　　　　方案 2

方案 3　　　　　　　　　　　　方案 4

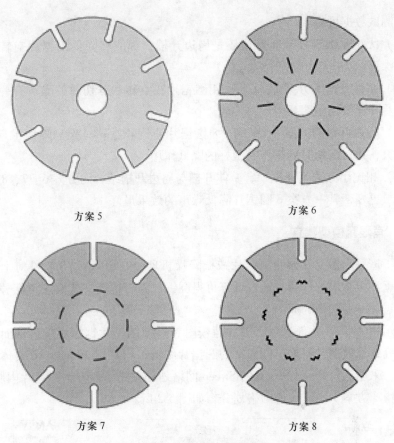

方案 5　　　　　　　　　　　　　方案 6

方案 7　　　　　　　　　　　　　方案 8

图 5-1　方案 1~方案 8 圆锯片的模型

对方案 1~方案 8 不同开槽方案的圆锯片进行了实验研究，分别对空转和锯切状态下进行了噪声测试，测试结果见表 5-1。

表 5-1　各方案圆锯片空转和锯切噪声

方案	空转噪声/dB	锯切噪声/dB
1	100.4	102.3
2	100.0	99.5
3	98.9	97.7
4	99.7	96.5
5	86.3	100.2
6	85.8	97.4
7	84.8	96.6
8	84.6	94.4

由测试数据可得：

（1）无论是圆锯片基体开槽还是周边开槽，都能够降低圆锯片空转和锯切状态下噪声。

（2）基体开槽的方案1、2、3、4圆锯片在空转和锯切时的噪声有一定的降低，但是降噪效果不明显。

（3）周边开槽的方案5、6、7、8圆锯片使锯片空转时噪声降低了近15dB，降幅较大，并对锯切时的噪声有很好的降低作用。

（4）相比于方案5圆锯片，基体开槽与周边开槽结合的方案6、7、8圆锯片降噪效果更好，其中方案8圆锯片降低噪声的效果最好。

5.2.3 有限元模型建立

为了进一步探究开槽使圆锯片减振降噪机理，利用 ANSYS 软件对上述8种方案圆锯片模态求解计算。通过计算可得圆锯片固有特性，从模态角度分析开槽造成圆锯片减振降噪的原因。

在运用 ANSYS 软件进行有限元建模时忽略掉圆锯片锯齿影响，从而简化模型，提高计算效率。根据不同方案的圆锯片结构，均采用20node186实体单元建立模型，采用三角 Smart Size 6 的 Sweep 网格划分方式，各方案圆锯片内腔固定，边缘自由。方案1圆锯片的网格划分，如图5-2所示。

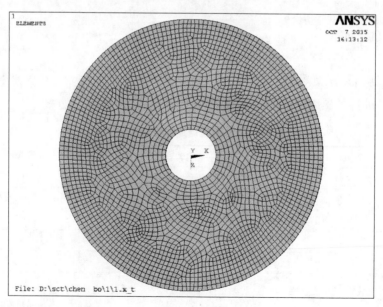

图5-2 方案1圆锯片的网格划分

5.2.4 模态分析计算结果

5.2.4.1 圆锯片的前20阶固有频率及分析

由于圆锯片工作时低阶模态能量占比重较大，对圆锯片振动影响很大。低阶频率更容易激发振动，所以选择计算圆锯片的前20阶固有频率。各方案圆锯片的频率见表5-2。

表5-2　各方案圆锯片的前20阶固有频率　　　　（Hz）

阶数	方案							
	1	2	3	4	5	6	7	8
1	468.71	458.81	458.74	462.09	463.36	464.69	464.77	458.16
2	468.72	458.82	458.75	462.10	467.60	466.71	465.29	464.24
3	479.54	463.45	469.90	473.24	478.63	468.77	468.46	467.28
4	721.44	713.22	710.86	712.47	679.91	672.00	669.14	667.78
5	721.44	713.26	710.88	712.48	679.95	672.28	669.47	667.83
6	1427.3	1407.6	1416.8	1415.3	1181.8	1165.7	1172.7	1164.4
7	1427.5	1407.6	1416.8	1415.1	1182.2	1166.1	1173.7	1164.5
8	2439.5	2416.6	2430.5	2426.9	1626.9	1621.1	1626.3	1609.3
9	2439.5	2416.6	2430.5	2426.9	2125.0	2090.3	2112.3	2097.1
10	3088.4	3078.6	3028.3	3022.8	2558.0	2540.1	2554.2	2532.1
11	3344.5	3342.8	3294.1	3288.2	2558.7	2540.2	2556.9	2532.3
12	3344.5	3342.9	3294.2	3288.3	3007.0	2998.5	2995.8	2976.4
13	3694.9	3676.3	3688.5	3684.2	3008.2	3002.7	3004.4	2977.1
14	3694.9	3676.4	3688.5	3684.2	3048.7	3039.1	3008.5	2977.4
15	4173.4	4151.6	4145.5	4137.4	3086.0	3085.0	3052.4	3030.1
16	4173.4	4151.7	4145.5	4137.4	3086.8	3085.7	3055.2	3030.7
17	5177.4	5163.4	5173.4	5169.5	4286.7	4291.2	4281.6	4242.3
18	5177.4	5163.4	5173.4	5169.6	4290.0	4293.3	4287.6	4242.9
19	5624.4	5514.4	5609.0	5600.7	4375.0	4382.0	4385.9	4333.6
20	5624.4	5514.5	5609.1	5600.7	4429.8	4413.7	4411.7	4384.9

为分析各圆锯片固有频率随阶数和开槽的变化情况，现将各方案圆锯片前20阶固有频率值绘成折线如图5-3所示。

由图5-3可知，各方案圆锯片的固有频率随阶数增加，前7阶低阶固有频率增加缓慢，7阶以后高阶固有频率增加较快。基体开槽和周边开槽都降低了圆锯片的同阶固有频率，且对7阶以后高阶固有频率影响更大。相比于方案2、3、4

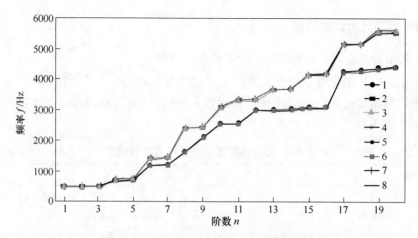

图 5-3　各方案圆锯片的固有频率分布图

圆锯片，方案 5、6、7、8 圆锯片降低圆锯片频率更多。由此看出，周边开槽对圆锯片的固有频率更敏感，且周边开槽对 7 阶以后的高阶频率影响较大。

5.2.4.2　圆锯片的典型模态的分析

圆锯片的固有频率随阶数的增加而增大，振动模态也随阶数变化愈加复杂。根据噪声测试结果，相较于方案 1~7 圆锯片，方案 8 圆锯片减振降噪效果更好，且在同阶频率中降频更明显。各方案圆锯片前 6 阶的固有频率平缓地增加，而从第 7 阶起频率大幅增加，因此，对方案 1、4、8 圆锯片第 7 阶典型模态进行分析。

图 5-4 为方案 1 圆锯片第 7 阶振型图，频率为 1427.5Hz。图 5-5 为方案 4 圆锯片第 7 阶振型图，频率为 1415.1Hz。图 5-6 为方案 8 圆锯片第 7 阶振型图，频率为 1164.5Hz，相比于方案 1 圆锯片频率减少 263Hz，比方案 4 圆锯片频率减少 250.6Hz。

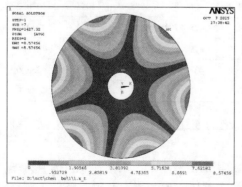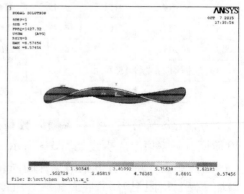

图 5-4　方案 1 圆锯片第 7 阶模态图

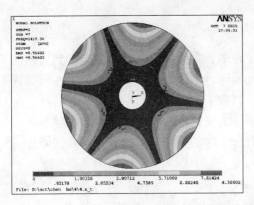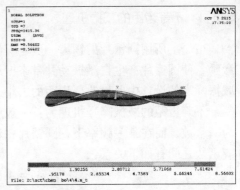

图 5-5 方案 4 圆锯片第 7 阶模态图

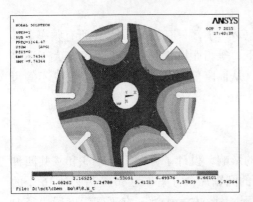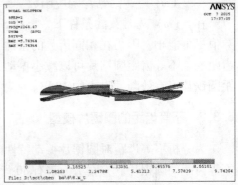

图 5-6 方案 8 圆锯片第 7 阶模态图

由图可知，方案 1、4、8 圆锯片的第 7 阶振型为 3 节直径模态。开槽切断圆锯片振动节线，从而撕裂振动模态，降低了振动噪声。同时开槽能够防止模态叠加，减弱振动能量集中加强效应，使模态最大振动位移变小，减小了振动幅值，降低了振动强度。相较于圆锯片基体内部的开槽，周边开槽更能撕裂振动模态，其减振降噪效果更明显。

5.3 结构参数对圆锯片振动特性的影响

以 $\phi305mm$ 圆锯片为例，运用 ANSYS 软件，探究结构参数对圆锯片振动属性的影响。该圆锯片结构参数为：外径 $D = 305mm$，内径 $d = 90mm$，厚度 $t = 2mm$，锯齿数 $Z = 80$。圆锯片性能参数为：材料密度 $7850kg/m^3$，弹性模量 210GPa，泊松比 0.3。分别选取圆锯片的不等齿距、锯齿、径向槽类型、径向槽槽宽和槽长、阻尼夹层等几个主要对圆锯片振动特性影响较大的因素进行研究，得到了圆锯片结构参数对圆锯片振动特性的影响特点。

5.3.1 不等齿距的减振机理

市场上所用圆锯片的锯齿一般是等齿距的，在锯切材料过程中会受到周期性激励，使圆锯片产生自激振动并带来振动噪声，不等齿距能降低噪声。在圆锯片减振降噪的设计中通过改变齿距的大小，打破了圆锯片的周期性激励。

不等齿距的减振降噪机理为：一般可认为圆锯片的响应曲线在各个频率下均为一常数，而在某一频率下，圆锯片相对于工件的振幅与激振力振幅和圆锯片响应函数之间有如下关系：

$$S_R(\omega) = A_e(\omega) \cdot S_s(\omega) \tag{5-2}$$

式中　$S_R(\omega)$ ——圆锯片相对工件的振幅；

$A_e(\omega)$ ——激振力振幅；

$S_s(\omega)$ ——圆锯片响应函数。

在 $S_s(\omega)$ 为常数的条件下，要使 $S_R(\omega)$ 小，只有使 $A_e(\omega)$ 在所有频率上其数值尽可能小。因为在相同齿数的条件下，等齿距圆锯片的激振力振幅大于不等齿距的，不等齿距圆锯片可以减小振动，从而降低振动噪声。研究表明，不等齿距圆锯片可有效降低噪声约 10dB。

5.3.2 不等齿距的圆锯片模型

为分析不等齿距对圆锯片振动特性的影响，设计了方案 1、2、3 和 4 共四种不等齿距的圆锯片。方案 1 为带有 80 齿的圆锯片，方案 2 为 80 个齿去掉 16 个的圆锯片，方案 3 为 80 个齿合并 16 个的圆锯片，方案 4 为开有不同深度周边径向槽的圆锯片。其中，方案 1 圆锯片齿距相等，方案 2、3 直接改变了圆锯片的等齿距，方案 4 通过改变槽深间接改变了圆锯片的等齿距，方案 1~方案 4 圆锯片模型如图 5-7 所示。

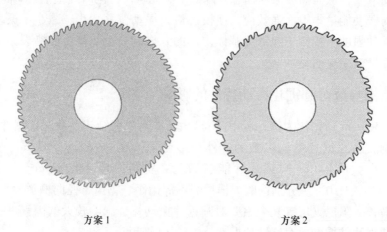

方案 1　　　　　　　　　　　　　　方案 2

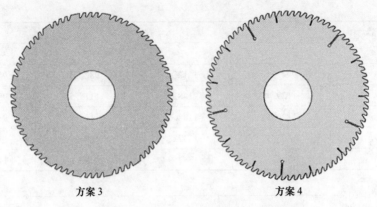

方案3   方案4

图 5-7　方案 1~方案 4 圆锯片的模型图（齿距不同）

5.3.3　不等齿距圆锯片的模态分析

　　分别对不同齿距的圆锯片进行模态计算，提取了前 20 阶频率，见表 5-3。为了分析不等齿距对圆锯片固有频率的影响，把各方案圆锯片前 20 阶固有频率绘成折线图，如图 5-8 所示。

表 5-3　各方案圆锯片的前 20 阶固有频率（齿距不同）　　　　（Hz）

阶数	方案			
	1	2	3	4
1	147.71	150.64	145.69	147.25
2	147.73	150.66	145.71	147.29
3	149.76	152.66	147.79	148.57
4	177.30	180.81	175.03	172.10
5	177.31	180.84	175.06	172.12
6	288.79	294.47	285.81	264.55
7	288.80	294.48	285.82	264.56
8	472.25	482.07	467.93	412.15
9	472.28	482.07	467.95	412.20
10	708.29	724.17	702.18	572.22
11	708.33	724.18	702.23	614.53
12	952.03	968.85	939.63	788.12
13	987.54	1011.2	979.39	788.20
14	987.57	1011.3	979.44	945.23
15	994.81	1012.3	982.06	951.70

阶数	方 案			
	1	2	3	4
16	994.94	1012.4	982.15	951.94
17	1129.4	1148.5	1115.5	980.26
18	1129.4	1148.6	1115.7	980.47
19	1305.5	1337.8	1294.9	1103.5
20	1305.5	1337.9	1295.0	1103.5

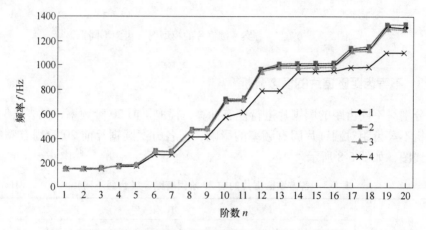

图5-8　各方案圆锯片的固有频率分布图（齿距不同）

表5-3和图5-8结果表明，不等齿距改变圆锯片的固有频率，可以避开共振固有频率。通过改变不等齿距对圆锯片的固有频率影响较小，通过设计不同深度的径向槽可以有效地降低频率。

为了分析不等齿距对圆锯片的减振机理，提取了各方案圆锯片振型方式为（0，8）的模态图。图5-9为方案1圆锯片（0，8）模态图，频率为1659.15Hz；图5-10为方案2圆锯片（0，8）模态图，频率为1716.11Hz；图5-11为方案3圆锯片（0，8）模态图，频率为1675.78Hz；图5-12为方案4圆锯片（0，8）模态图，频率为1338.78Hz。

通过进一步对各圆锯片模态的观察，可以看到方案4圆锯片模态被撕裂，且振动位移最小，减振降噪效果最好。

不等齿距打破了圆锯片高速旋转工作时锯齿和锯切材料的周期性激励，避免圆锯片发生自激振动，从而减小了冲击噪声和振动噪声。通过设计圆锯片不等槽深的径向槽间接改变了齿距，且开槽能够撕裂模态，减少模态叠加，释放振动能量，减振降噪效果最好。

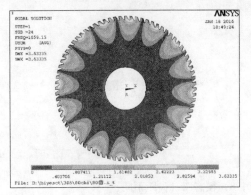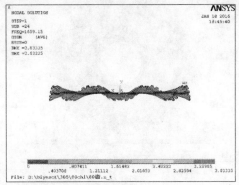

图 5-9 方案 1 圆锯片（0，8）模态图（齿距不同）

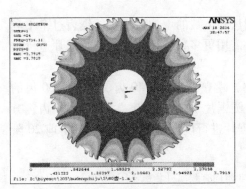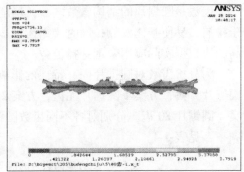

图 5-10 方案 2 圆锯片（0，8）模态图（齿距不同）

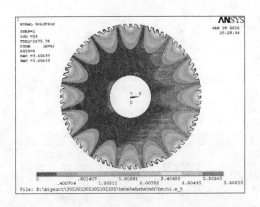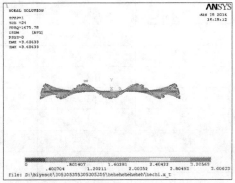

图 5-11 方案 3 圆锯片（0，8）模态图（齿距不同）

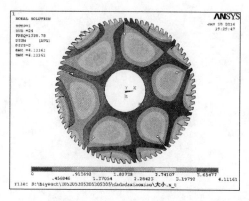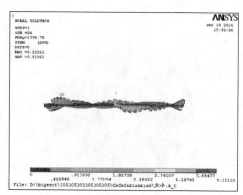

图 5-12 方案 4 圆锯片 (0, 8) 模态图 (齿距不同)

5.3.4 齿数的影响

齿数是圆锯片的结构参数之一，切削量随齿数的增加而增大。锯齿过多不利于排屑，易使基体发热；同时，锯齿过多需用更多数量硬质合金，圆锯片造价过高，应根据实际应用合理选择齿数。

为分析齿数对圆锯片固有特性的影响，建立了 0 齿、40 齿、60 齿、80 齿的圆锯片方案，方案 1 圆锯片无齿，方案 2 圆锯片 40 齿，方案 3 圆锯片 60 齿，方案 4 圆锯片 80 齿。分别对各不同齿数圆锯片进行模态求解计算，得到了前 20 阶频率，见表 5-4。

表 5-4 各方案圆锯片的前 20 阶固有频率 (齿数不同) （Hz）

阶数	齿 数			
	0	40	60	80
1	138.63	147.33	149.43	147.71
2	138.68	147.35	149.45	147.73
3	141.18	149.49	151.51	149.76
4	168.74	177.28	179.61	177.3
5	168.75	177.31	179.62	177.31
6	283.23	290.52	293.42	288.79
7	283.26	290.54	293.43	288.8
8	471.98	477.29	481.27	472.25
9	472.01	477.29	481.3	472.28
10	717.92	718.68	723.99	708.29
11	717.99	718.69	724.05	708.33

续表 5-4

阶数	齿　数			
	0	40	60	80
12	902.12	949.88	962.23	952.03
13	944.75	992.98	1005.6	987.54
14	945.78	993.06	1005.7	987.57
15	1014.1	1005.9	1012.5	994.81
16	1014.2	1006	1012.6	994.94
17	1080.6	1128.3	1141.9	1129.4
18	1080.9	1128.6	1142.1	1129.4
19	1319.4	1335.1	1342.6	1305.5
20	1319.7	1335.3	1342.8	1305.5

　　为分析齿数对圆锯片频率的影响，把不同齿数的圆锯片前 20 阶固有频率绘成折线图，如图 5-13 所示。

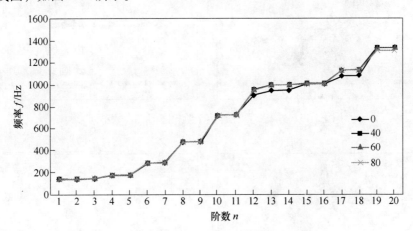

图 5-13　各方案圆锯片的固有频率分布图（齿数不同）

　　由图 5-13 可见，齿数对圆锯片的固有频率几乎无影响，尤其是低频。提取了各不同齿数圆锯片典型的第 7 阶模态，如图 5-14~图 5-17 所示，进一步对不同齿数圆锯片的模态进行观察，可以看出模态几乎无变化。表明在圆锯片振动特性的研究中，忽略锯齿影响，将其简化为与外径相同的圆环板模型切实可行。

5.3.5　不同类型径向槽的圆锯片模型

　　径向槽对圆锯片的振动特性影响较大。径向槽形状常见的有直线形、鱼钩形、三角形、鼻子形等。径向槽能够撕裂圆锯片的振动模态，减小振动能量，使

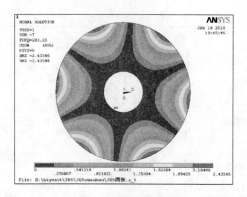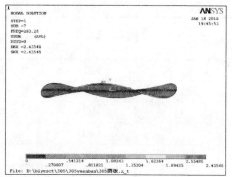

图 5-14 方案 1 圆锯片第 7 阶模态图（齿数不同）

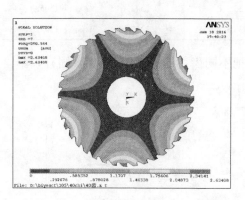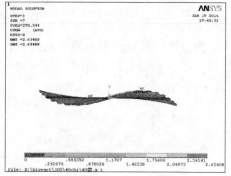

图 5-15 方案 2 圆锯片第 7 阶模态图（齿数不同）

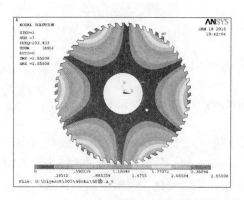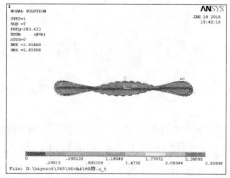

图 5-16 方案 3 圆锯片第 7 阶模态图（齿数不同）

圆锯片避开原共振频率点；径向槽有利于圆锯片锯切时碎屑的排出，很大程度上减小摩擦噪声和冲击噪声；同时径向槽具有缓冲排气的作用，降低空气涡流的速度，尤其对降低圆锯片空转时的空气动力学噪声的效果更加明显。

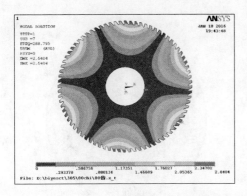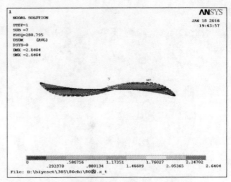

图 5-17 方案 4 圆锯片第 7 阶模态图（齿数不同）

　　为从模态角度比较圆锯片各类型消音槽降噪效果，设计了带有直线形、鱼钩形、三角形、鼻子形径向槽的圆锯片模型，槽长 30mm，槽宽 2mm。各径向槽沿圆锯片外径周边延伸，为避免应力集中，在槽末端开小圆孔，设计了方案 1、2、3、4、5 和 6 圆锯片。其中，方案 1 圆锯片没有径向槽，方案 2 圆锯片带有直线形径向槽，方案 3 圆锯片带有鱼钩形径向槽，方案 4 圆锯片带有三角形径向槽，方案 5 圆锯片带有鼻子形径向槽，方案 6 圆锯片带有直鼻子形径向槽和纬向槽，如图 5-18 所示。

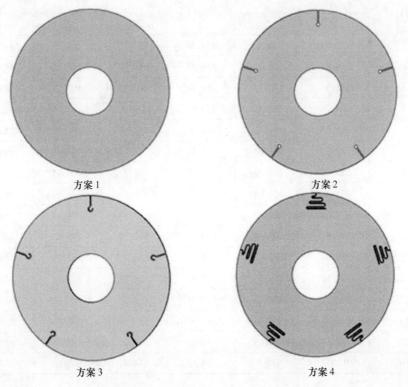

方案 1

方案 2

方案 3

方案 4

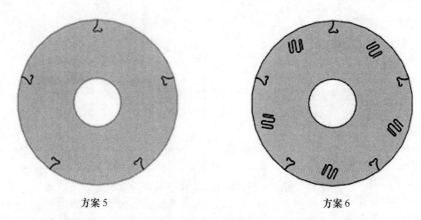

方案5   方案6

图 5-18 方案 1~方案 6 圆锯片模型图（径向槽类型不同）

5.3.6 不同径向槽圆锯片的模态分析

模态计算获得前 20 阶固有频率见表 5-5，频率分布如图 5-19 所示。

表 5-5 各圆锯片的前 20 阶固有频率（径向槽类型不同）　（Hz）

阶数	方案					
	1	2	3	4	5	6
1	138.63	138.3	138.26	137.13	103.72	103.70
2	138.68	138.31	138.28	136.14	103.72	103.71
3	141.18	140.26	140.16	140.75	105.28	104.85
4	168.74	164.41	164.07	161.9	123.95	123.20
5	168.75	164.43	164.07	161.91	123.96	123.21
6	283.23	263.68	261.95	247.71	200.5	195.68
7	283.26	263.69	261.96	247.71	200.51	195.68
8	471.98	424.04	419.7	378.51	324.56	313.29
9	472.01	424.07	419.73	378.53	324.57	313.30
10	717.92	609.44	600.25	503.35	477.45	455.19
11	717.99	642.69	635.03	555.85	483.69	466.29
12	902.12	853.43	838.45	669.29	658.47	624.02
13	944.75	853.45	838.51	669.35	658.5	624.03
14	945.78	898.64	897.66	753.04	673.53	647.11
15	1014.1	935.65	934.02	753.22	702.65	677.15
16	1014.2	935.7	934.18	874.91	702.68	677.19

阶数	方 案					
	1	2	3	4	5	6
17	1080.6	1015.1	999.41	906.79	784.96	731.77
18	1080.9	1015.3	999.45	906.82	784.98	731.81
19	1319.4	1106.1	1094.3	1007.5	848.49	814.51
20	1319.7	1106.2	1094.3	1007.6	848.52	814.59

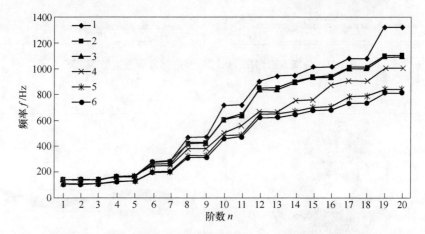

图 5-19　各方案圆锯片的固有频率分布图（径向槽类型不同）

由图 5-19 可见，径向槽使圆锯片的固有频率降低，且对 7 阶以上高阶频率降幅更大。相对于其他类型径向槽，鼻子形槽更能有效降低圆锯片的频率。径向槽与纬向槽的结合使圆锯片固有频率降低最明显。

为了分析鼻子形径向槽和纬向槽结合更能降低圆锯片的固有频率，提取了方案 6 圆锯片的部分典型模态，如图 5-20~图 5-28 所示。

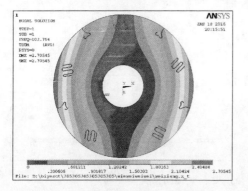 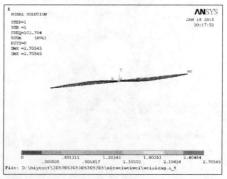

图 5-20　方案 6 圆锯片（0，1）模态（径向槽类型不同）

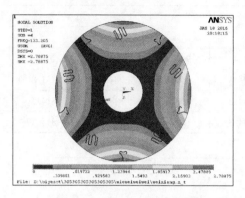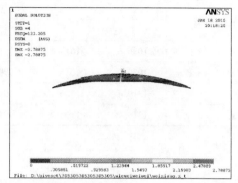

图 5-21   方案 6 圆锯片（0，2）模态（径向槽类型不同）

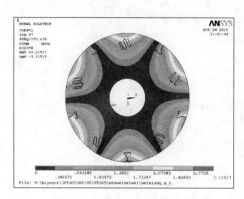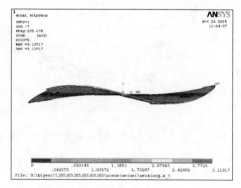

图 5-22   方案 6 圆锯片（0，3）模态（径向槽类型不同）

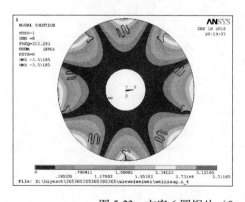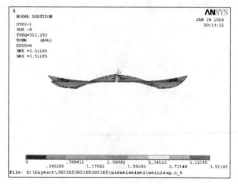

图 5-23   方案 6 圆锯片（0，4）模态（径向槽类型不同）

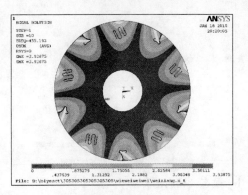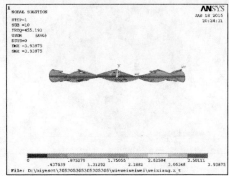

图 5-24 方案 6 圆锯片（0，5）模态（径向槽类型不同）

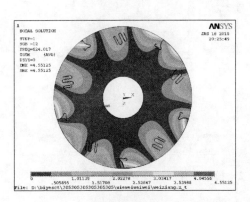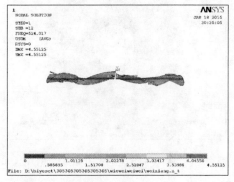

图 5-25 方案 6 圆锯片（0，6）模态（径向槽类型不同）

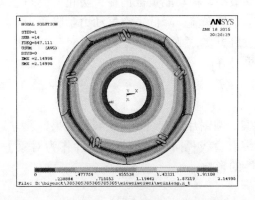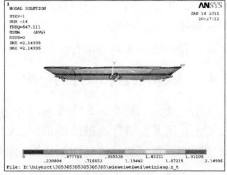

图 5-26 方案 6 圆锯片（1，0）模态（径向槽类型不同）

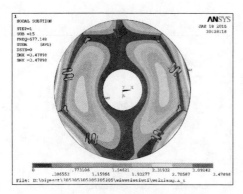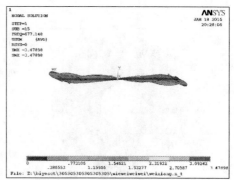

图 5-27　方案 6 圆锯片（1，1）模态（径向槽类型不同）

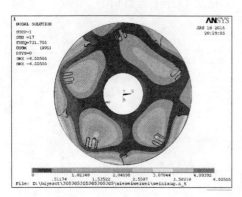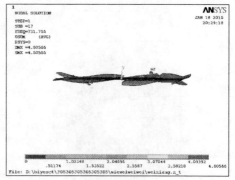

图 5-28　方案 6 圆锯片（1，2）模态（径向槽类型不同）

由图 5-28 模态图可知，鼻子形周边径向槽和纬向槽使圆锯片部分节线不连续，从而撕裂振动模态，切断振动传播途径。通过与其他方案圆锯片的模态对比，可以看出方案 6 圆锯片振动最大位移最小，振动能量被消耗，防止了模态叠加，振动强度最小。且径向槽能改变周边空气涡流，降低了空气动力学噪声。其减振降噪明显，可说明隔断的振动节线数目更多，撕裂模态更显著。对于圆锯片而言，径向槽和纬向槽结合减振降噪效果最好。

5.4　径向槽数目和尺寸的影响

前已述及，第 5.3.5 节图 5-18 中方案 2 圆锯片的直线径向槽减振效果好、方便加工，因其经济性而被广泛采用。以带有直线径向槽该槽的圆锯片作为对象，研究径向槽数目和尺寸对圆锯片振动特性的影响。

5.4.1　径向槽数目的影响

以带有直线径向槽的圆锯片作为对象，建立 0~6 个槽数的圆锯片模型，运用 ANSYS 软件对各圆锯片模型进行模态求解计算得到的前 20 阶固有频率，见表 5-6。

表 5-6 各圆锯片的前 20 阶固有频率（槽数不同）　　　　　（Hz）

阶数	槽 数						
	0	1	2	3	4	5	6
1	138.63	138.68	138.13	138.36	138.31	138.3	138.27
2	138.68	139	138.85	138.37	138.33	138.31	138.29
3	141.18	141.21	140.75	140.58	140.39	140.26	140.12
4	168.74	167.45	165.61	166.2	162.74	164.41	163.76
5	168.75	168.8	168.28	166.21	167.82	164.43	163.78
6	283.23	278.43	273.39	268.87	267.27	263.68	255.92
7	283.26	279.95	276.33	273.2	267.27	263.69	264.2
8	471.98	459.77	447.93	441.64	427.44	424.04	415.36
9	472.01	463.29	454.38	441.65	438.44	424.07	415.36
10	717.92	690.88	666.12	657.36	640.3	609.44	607.52
11	717.99	701.91	685.58	657.42	640.33	642.69	607.56
12	902.12	902.78	897.38	873.9	835.18	853.43	793.09
13	944.75	939.88	909.51	892.6	897.22	853.45	854.95
14	945.78	944.24	940.01	939.72	916.58	898.64	921.53
15	1014.1	964.14	941.15	939.82	932.19	935.65	938.28
16	1014.2	991.29	965.51	947.78	932.26	935.7	938.4
17	1080.6	1077.5	1072.9	1054.9	1071	1015.1	1048.1
18	1080.9	1082.6	1079.2	1055	1079.7	1015.3	1048.2
19	1319.4	1250.1	1166.9	1190.7	1135	1106.1	1072.8
20	1319.7	1317.5	1285.5	1190.8	1135.1	1106.2	1072.8

为分析到径向槽数目对圆锯片频率的影响，现将不同圆锯片模型前 20 阶固有频率绘成折线图，如图 5-29 所示。

由图 5-29 可知，圆锯片的频率随周边径向槽的数目增加而减小。径向槽数目对圆锯片的低阶固有频率影响较小，对 7 阶以上高阶频率影响较大。开径向槽使圆锯片避开了原来的共振频率，利于圆锯片的减振降噪。原则上圆锯片周边径向槽的数目越多，切断振动节线越多，阻止振动波传播效果更好，更有利于圆锯片的减振降噪。但是，开槽数目过多势必降低圆锯片的刚度，导致振动更容易激起。因而，圆锯片的径向槽数目要合理选定，在实际生产应用中一般选取 4～5 个。

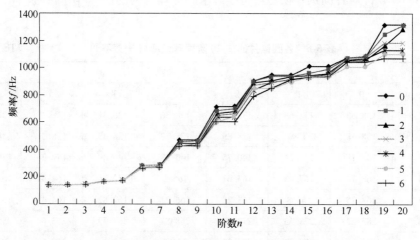

图 5-29 各圆锯片固有频率分布（槽数不同）

5.4.2 径向槽长度影响

以直线径向槽的圆锯片作为对象，在基体上开 5 个均匀分布的径向槽，槽的宽度均为 2mm，分别建立槽长为 17mm、34mm、51mm 的圆锯片模型。

运用 ANSYS 软件，对各圆锯片模型进行模态求解计算，得到前 20 阶固有频率，见表 5-7。为分析径向槽长度对圆锯片频率的影响，现将不同圆锯片模型前 20 阶固有频率绘成折线图，如图 5-30 所示。

表 5-7 各圆锯片的前 20 阶固有频率（槽长不同） （Hz）

阶数	槽长/mm			
	0	15	30	45
1	138.63	138.89	138.3	136.59
2	138.68	138.90	138.31	136.62
3	141.18	141.29	140.26	137.81
4	168.74	168.01	164.41	157.57
5	168.75	168.02	164.43	157.59
6	283.23	278.80	263.68	240.01
7	283.26	278.81	263.69	240.04
8	471.98	460.73	424.04	365.22
9	472.01	460.74	424.07	365.27
10	717.92	695.65	609.44	474.01
11	717.99	695.89	642.69	588.85

续表 5-7

阶数	槽长/mm			
	0	15	30	45
12	902.12	902.12	853.43	698.86
13	944.75	943.53	853.45	698.95
14	945.78	943.65	898.64	792.31
15	1014.1	976.18	935.65	792.38
16	1014.2	976.21	935.7	893.55
17	1080.6	1075.3	1015.1	924.05
18	1080.9	1075.4	1015.3	924.23
19	1319.4	1282.2	1106.1	1051.8
20	1319.7	1282.4	1106.2	1051.9

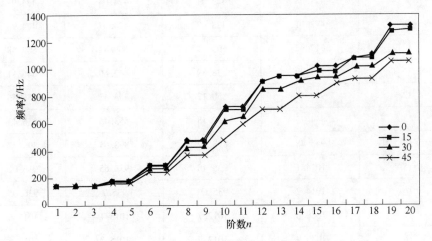

图 5-30　各圆锯片固有频率分布（槽长不同）

由图 5-30 可知，圆锯片的频率随周边径向槽长度的增加而减小。径向槽长度对圆锯片的低阶固有频率影响较小，对 7 阶以上高阶频率影响较大。原则上圆锯片径向槽的长度越长，切断振动节线越多，阻止振动波传播效果更好，更有利于圆锯片的减振降噪。但是，开槽过长势必降低圆锯片的刚度，导致振动更容易激起。因而在生产中，圆锯片的径向槽长度要合理选定。

5.4.3　径向槽宽度影响

以直线径向槽的圆锯片作为研究对象，在基体上开 5 个均匀分布的径向槽，槽的长度均为 30mm，分别建立槽长为 1mm、2mm、3mm 的圆锯片模型，运用

ANSYS 软件对各圆锯片模型进行模态计算，得到的前 20 阶固有频率，见表 5-8。

表 5-8 各圆锯片的前 20 阶固有频率（槽宽不同） （Hz）

阶数	槽宽/mm			
	0	1	2	3
1	138. 63	138. 10	138. 3	138. 54
2	138. 68	138. 12	138. 31	138. 54
3	141. 18	140. 06	140. 26	140. 49
4	168. 74	164. 17	164. 41	164. 70
5	168. 75	164. 19	164. 43	164. 70
6	283. 23	263. 10	263. 68	264. 23
7	283. 26	263. 12	263. 69	264. 24
8	471. 98	423. 01	424. 04	424. 97
9	472. 01	423. 02	424. 07	424. 98
10	717. 92	609. 34	609. 44	609. 48
11	717. 99	638. 89	642. 69	646. 11
12	902. 12	850. 12	853. 43	856. 36
13	944. 75	850. 18	853. 45	856. 43
14	945. 78	898. 12	898. 64	899. 38
15	1014. 1	935. 48	935. 65	936. 02
16	1014. 2	935. 60	935. 7	936. 05
17	1080. 6	1012. 7	1015. 1	1017. 5
18	1080. 9	1012. 9	1015. 3	1017. 6
19	1319. 4	1105. 3	1106. 1	1106. 8
20	1319. 7	1105. 4	1106. 2	1106. 8

为分析径向槽宽度对圆锯片频率的影响，现将不同锯片模型前 20 阶固有频率绘成折线图，如图 5-31 所示。

由图 5-31 可知，圆锯片的同阶固有频率随周边径向槽宽度的增加而减小。径向槽宽度对圆锯片的低阶固有频率影响较小，对 7 阶以上高阶频率影响较大。原则上圆锯片径向槽的宽度越宽，切断振动节线越多，阻止振动波传播效果更好，更有利于圆锯片的减振降噪。但是，开槽过宽势必降低圆锯片的刚度，导致振动更容易激起。所以在生产中，要合理选择圆锯片的径向槽宽度。

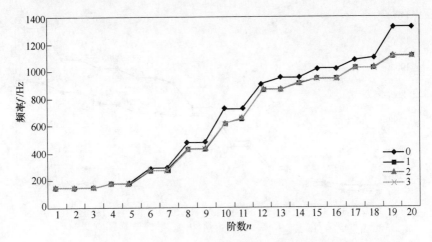

图 5-31　各圆锯片固有频率分布（槽宽不同）

5.4.4　夹层阻尼的影响

随着圆锯片减振降噪的深入研究，夹层阻尼技术成为了用于解决圆锯片空转和锯切状态下振动问题的有效技术。夹层阻尼能够将振动能量以热量形式转化掉，进一步降低了振动强度。在圆锯片基体内添加阻尼材料来影响其振动形式成为近年来圆锯片减振研究中常用的方法。

以 $\phi 305\mathrm{mm}$ 圆锯片为例，所添加的阻尼夹层结构参数为：外径 $D = 280\mathrm{mm}$，内径 $d = 110\mathrm{mm}$，厚度 $t = 1\mathrm{mm}$，分布在圆锯片基体中间。阻尼夹层性能参数为：材料密度 $1300\mathrm{kg/m^3}$，弹性模量 $7.86\mathrm{MPa}$，泊松比 0.47。

建立夹层阻尼圆锯片的有限元模型，经有限元软件 ANSYS 模态计算，获得的 20 阶固有频率，见表 5-9。阻尼夹层圆锯片与圆锯片固有频率的影响如图 5-32所示。

表 5-9　夹层阻尼圆锯片前 20 阶固有频率（夹层阻尼）　　（Hz）

阶数	1	2	3	4	5	6	7	8	9	10
频率	96.07	96.18	97.98	137.91	137.96	259.21	259.23	438.28	438.36	655.35
阶数	11	12	13	14	15	16	17	18	19	20
频率	665.32	665.43	679.74	685.79	752.02	753.51	841.44	844.58	910.59	930.61

由图 5-32 可知，夹层阻尼使圆锯片的同阶固有频率降低，且对 7 阶以上高阶频率影响较大。为了进一步从模态角度分析夹层阻尼减小圆锯片振动，提取了该夹层阻尼圆锯片的典型第 7 阶模态，如图 5-33 所示，固有频率为 259.23Hz，相对于无阻尼夹层圆锯片固有频率降低了 24.03Hz。

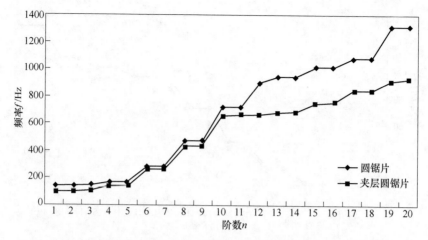

图 5-32   圆锯片固有频率分布图（夹层阻尼）

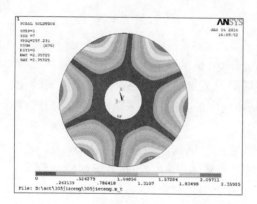
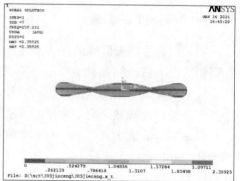

图 5-33   圆锯片第 7 阶模态（夹层阻尼）

将图中夹层阻尼圆锯片与图 5-14 方案 1 圆锯片第 7 阶模态图相比较，夹层阻尼圆锯片相对振动幅值减小。这主要是因为阻尼夹层能够消耗圆锯片振动能量，降低了振动强度，同时使模态发生分离，利于圆锯片的减振降噪。

5.4.5 小结

为了更好地抑制圆锯片的振动，出现了开槽、阻尼夹层等复杂圆锯片，现总结如下：

（1）重点研究了不等齿距对圆锯片振动特性的影响，研究表明不等齿距能够打破圆锯片锯切时的周期性激励，阻止驻波的形成，避免圆锯片振动。通过设计不同径向槽深度来间接改变齿距是最合理的方案，在打破圆锯片锯切时周期激励的基础上，还能不同程度地撕裂振动模态，从而使圆锯片减振降噪效果最好。

（2）对不同齿数对圆锯片振动特性的研究，证实了在圆锯片振动特性的研究中，齿数对圆锯片的固有频率和模态影响较小，印证了圆锯片简化为与外径相同的圆环板的模型的可行性和准确性。

（3）对圆锯片的固有频率和模态影响较明显的周边径向槽进行了分析，设计了几种代表性径向槽图案的锯片，并得出了减振降噪效果最好的鼻子形径向槽。同时发现径向槽和纬向槽结合更利于圆锯片的减振降噪。

（4）以常见直线形径向槽为例，分析了径向槽数目、槽长、槽宽对圆锯片模态分析的影响。开槽数目越多，槽长、槽宽数值越大，越利于圆锯片的减振，但是会减小圆锯片的刚度，导致振动容易激起，在实际应用中要合理确定圆锯片径向槽数目及槽长、槽宽。

（5）设计了阻尼夹层圆锯片，模态计算表明阻尼夹层能够降低圆锯片固有频率，同时能够分离圆锯片振动模态、消耗圆锯片振动能量、降低圆锯片的振动强度。

6 圆锯片行波振动的研究

圆锯片工作时，在静坐标系下能够观察到两个不同方向的行波，其中与锯轴转向相同的是前行波，转向相反的是后行波，两波频率不等。当圆锯片激振力频率与前、后行波频率吻合时发生行波振动，造成锯片动态失稳，此时锯轴转速称为临界转速。

圆锯片在工作中发生行波共振，会影响圆锯片的使用寿命，降低加工精度。目前的解决措施为改造圆锯片，使其避开共振点。由于工作转速内的共振点多，圆锯片不能完全避开行波共振，因此有必要对圆锯片进行行波振动分析，确定临界转速，为合理选取圆锯片工作转速提供指导。

6.1 圆锯片的波动方程

圆锯片锯切时做高速旋转运动，离心力的存在使圆锯片产生离心刚化。将圆锯片简化为厚度为 h 的圆环板，且外边缘自由、内边缘夹支，在极坐标系下的波动方程参考第 4.3.3 节中的式（4-1）~式（4-5）。

6.2 马钢用 ϕ1260mm 圆锯片的行波振动

马钢在制造轮箍的工艺过程中，采用金刚石圆锯片切割钢锭，在切割工作中圆锯片常发生振动，不仅降低产品质量、缩短圆锯片使用寿命，而且威胁生产安全。圆锯片振动问题已成为企业难题。

以马钢用 ϕ1260mm 圆锯片为研究对象，该圆锯片按照设计要求每分钟可以切 100 刀，振动严重时只能切 30 刀，影响了锯切效率。行波共振的研究表明，该圆锯片的振动不是由激振力频率等于固有频率引起的共振。

基于行波振动理论和圆锯片高速旋转的工作特点，从行波振动角度分析引起该金刚石圆锯片振动的原因。基于 ANSYS 模态计算得到的频率，通过坎贝尔图得出引起该圆锯片行波共振的共振转频，为合理选择圆盘冷锯机的工作转速提供了指导依据。

6.2.1 有限元模型建立

以 ϕ1260mm 圆锯片为例，其结构参数为：外径 D = 1260mm，内径 d = 630mm，厚度 t = 7mm，锯齿数 Z = 54。圆孔锯锯片性能参数为：材料密度

7800kg/m³，弹性模量 200GPa，泊松比 0.3。模型采用 20node186 实体单元类型，忽略锯齿影响建立有限元模型，网格划分方式都采用 Sweep 自由划分。有限元模型网格划分如图 6-1 所示。

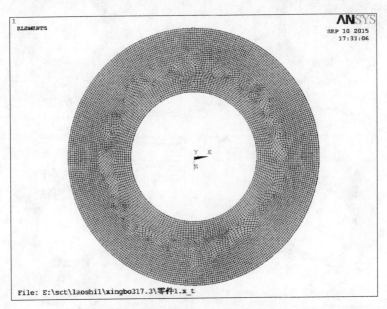

图 6-1   φ1260mm 圆锯片的有限元网格划分

6.2.2   模态分析结果

运用 ANSYS 对 φ1260mm 圆锯片模态计算，得到 20 阶频率，见表 6-1。

表 6-1   φ1260mm 圆锯片的前 20 阶固有频率   （Hz）

阶数	1	2	3	4	5	6	7	8	9	10
频率	51.55	54.36	54.36	64.41	64.41	84.78	84.78	117.17	117.17	161.62
阶数	11	12	13	14	15	16	17	18	19	20
频率	161.62	217.47	217.47	284.03	284.03	347.71	355.71	355.71	360.68	360.68

基于行波振动理论，当节径型振型的行波振动频率等于圆锯片的锯齿通过频率时，很容易被激起 1、2、3、4 节径的行波共振。提取了 ANSYS 模态求解得到 1、2、3、4 节径模态图，如图 6-2 所示。

研究表明，一般在低转速时圆锯片振动的主要成分是 2 节径振动，而较高转速时的主要成分是 3 节径振动。

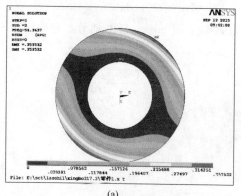
(a)

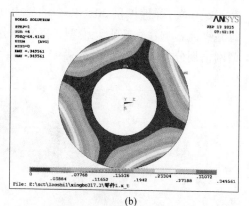
(b)

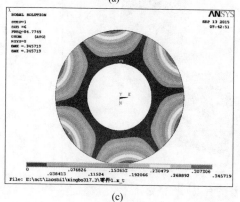
(c)

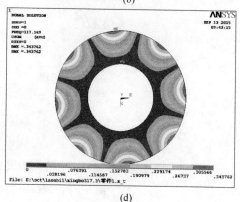
(d)

图 6-2　ϕ1260mm 圆锯片的 1、2、3、4 节径模态

（a）（0，1）节径模态图；（b）（0，2）节径模态图；

（c）（0，3）节径模态图；（d）（0，4）节径模态图

6.2.3　ϕ1260mm 圆锯片的行波振动

高速旋转的圆锯片的行波分为前、后行波，波频计算公式分别是：

前行波频率：

$$P_{\mathrm{f}} = P(m, n) + n\Omega \tag{6-1}$$

后行波频率：

$$P_{\mathrm{b}} = P(m, n) - n\Omega \tag{6-2}$$

激振力主要是圆锯片锯切时锯切材料对锯齿的作用力，锯齿通过频率（激振频率）计算公式为：

$$P = KZ\Omega \tag{6-3}$$

式中，$P(m, n)$ 为圆锯片（m，n）振型对应的固有频率；Ω 为圆锯片转频；K 为系数，取为 4。

取 $\Omega = 0.4\text{Hz}$ ，计算得 $P = 86.4\text{Hz}$ ，与圆锯片的各阶固有频率相差较大，该圆锯片的振动不是激振力频率与固有频率相等引起的共振。

当圆锯片振型为（0，3）时，$P(0,3) = 84.78\text{Hz}$ ，计算得：

$$P_f = 85.98\text{Hz}, \quad P_b = 83.58\text{Hz}$$

结果表明，激振力频率与 3 节径模态的前行波频率吻合，引起了该圆锯片的行波振动。

坎贝尔图常应用于旋转体结构的设计中，为了避免结构体在临界转速区域发生共振。工程上实际通过实验得到的动频系数近似得到坎贝尔曲线，本书则通过计算旋转圆锯片的行波频率，做出转动圆锯片坎贝尔曲线。以圆锯片模态为（0，3）的形式为例进行说明，建立的曲线如图 6-3 所示。

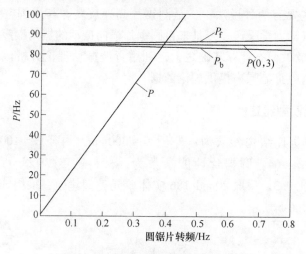

图 6-3　ϕ1260mm 圆锯片的坎贝尔图

图中前、后行波曲线和扰动力曲线交点对应的横坐标为共振转频，前行波曲线与扰动力曲线的交点所对应的横坐标为前行波共振转频，后行波曲线与扰动力曲线的交点的横坐标为后行波共振转频。

通过坎贝尔图得到的圆锯片共振转动频率，可进一步转化为共振转速，此时的共振转速即为动态失稳的临界速度。圆锯片的旋转速度逼近临界速度时，极容易发行波共振，造成强烈振动和噪声，对于静止圆锯片而言，固有频率和激振力频率相等时才可共振，对于转动圆锯片，该圆锯片激振频率为 86.4Hz，与模态分析求解的固有频率值没有对应，所以从行波理论角度解释了该圆锯片振动的原因。

6.3　木工用 ϕ300mm 圆锯片的行波振动

圆锯机也被常用于木材业进行木材加工，当圆锯机工作时会产生剧烈的噪声。

对木工用 ϕ300mm 圆锯片辐射声频谱进行了测试，测得的声频谱如图 6-4 所示。

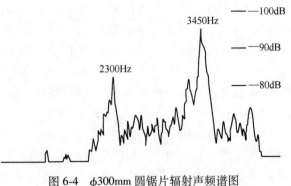

图 6-4 ϕ300mm 圆锯片辐射声频谱图

声频图坐标元素由频率和声压级组成。由图 6-4 可得，测得的该圆锯片声压级有两个较大峰值，频率为 2300Hz 时噪声强度约为 85dB，频率为 3450Hz 时噪声强度约为 95dB。剧烈噪声产生的原因主要有两种说法：一是圆锯片高速旋转，与周围空气作用产生涡流，引起的空气动力学噪声；二是来自圆锯片横向振动的振动噪声。

在 ANSYS 软件模态计算基础之上，利用行波振动理论分析该圆锯片噪声的产生原因，为有效抑制噪声提供理论依据。

6.3.1 有限元模型建立

ϕ300mm 圆锯片结构参数为：外径 $D = 300$mm，内径 $d = 100$mm，厚度 $t = 2$mm，锯齿数 $Z = 64$。圆锯片性能参数为：材料密度 7800kg/m^3，弹性模量 200GPa，泊松比 0.3。采取 20node186 实体单元类型建模，采用 Sweep 方式自由划分网格，如图 6-5 所示。

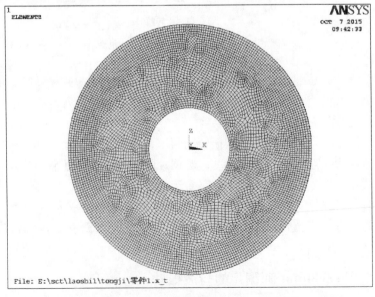

图 6-5 ϕ300mm 圆锯片的有限元网格划分

6.3.2 模态分析结果

根据声频谱可以看出,对该圆锯片动态特性影响较大的振动频率主要为高阶频率,因此,对圆锯片进行前 80 阶模态计算,得到的部分节圆、节径振型对应的频率,见表 6-2。

表 6-2 ϕ1260mm 圆锯片的固有频率

(m, n)	$(0, 1)$	$(0, 2)$	$(0, 3)$	$(0, 4)$	$(0, 5)$	$(1, 0)$	$(1, 1)$	$(0, 6)$
频率/Hz	148.7	195.5	316.9	508.9	759.4	951.1	997.3	1061.0
(m, n)	$(0, 7)$	$(1, 4)$	$(0, 8)$	$(1, 5)$	$(0, 9)$	$(1, 6)$	$(1, 8)$	$(2, 8)$
频率/Hz	1409.9	1700.8	1804.6	2121.7	2244.1	2625.4	3839.4	6142.7

圆锯片共振模态主要是 8 条节直径或 8 条节直径加节圆振动模态,在 ANSYS 计算结果中提取到 (0,8)、(1,8)、(2,8) 的振型图,如图 6-6 所示。

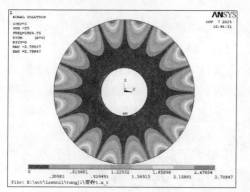

(a)

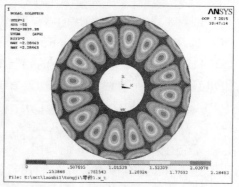

(b)

(c)

图 6-6 ϕ300mm 圆锯片的 8 节径模态

(a) (0, 8) 的振型图;(b) (1, 8) 的振型图;(c) (2, 8) 的振型图

6.3.3 φ300mm 圆锯片的行波振动

由于 ANSYS 模态计算得到的 8 节直径频率和实验测得的峰值噪声对应的频率差别很大，且圆锯片高速旋转（转速 $n = 3230\text{r/min}$），为此考虑行波对该圆锯片振动的影响。

当圆锯片模态为（0，8）时，$P(0，8) = 1084.6\text{Hz}$，经计算得：前行波频率 $P_f = 2235\text{Hz}$，后行波频率 $P_b = 1374.2\text{Hz}$。

当圆锯片模态为（1，8）时，$P(1，8) = 3839.4\text{Hz}$，经计算得：前行波频率 $P_f = 4269.8\text{Hz}$，后行波频率 $P_b = 3409\text{Hz}$。

结果表明，噪声频率 2300Hz 与圆锯片模态为（0，8）时前行波频率 2235Hz 吻合，噪声频率 3405Hz 与圆锯片模态为（1，8）时后行波频率 3409Hz 吻合。从而判定 φ300mm 圆锯片产生剧烈的噪声是由行波共振引起。

6.4 开槽圆锯片振动分析

Bobeczko 进行了圆锯片的减振降噪试验，未开槽圆锯片直径为 914mm，有 60 个锯齿，转速为 1530r/min，操作位置离圆锯片 3.6m，圆锯片在切割厚 47.6mm、宽 3.0m、长 21.3m 的铝板时进行噪声测试，操作位置的噪声达到 109dB。开有 4 个直线径向槽和 12 个纬向槽（直线型）、锯齿齿数为 36、直径为 914mm 的圆锯片，在同样工况下进行噪声测试，噪声为 90dB，降低了 19dB，降噪效果明显。Bobeczko 只是从试验的角度研究圆锯片减振降噪，并没有在理论上分析降噪 19dB 的原因。本书用 ANSYS 软件计算了无槽和开槽圆锯片固有频率和固有模态，并且利用行波振动理论，分析了降噪 19dB 的原因，在此基础上提出了四种新的改进方案。通过多种方案的对比，确定最佳开槽方案。

6.4.1 圆锯片开槽方案设计

Bobeczko 试验设计的圆锯片结构如图 6-7 所示，外径 $D = 914\text{mm}$，夹盘直径 $d = 356\text{mm}$，厚度 $t = 6\text{mm}$，锯齿齿数 $Z = 36$。

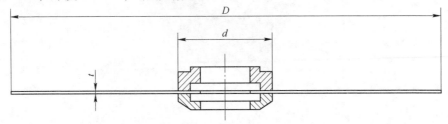

图 6-7 圆锯片结构示意图

圆锯片设计方案：

方案 1 是 Bobeczko 试验未开槽圆锯片；

方案 2 是 Bobeczko 试验设计开有 4 个直线径向槽和 12 个纬向槽（直线型）的圆锯片；

方案 3 是把方案 2 中直线型纬向槽改为流线型纬向槽的圆锯片；

方案 4 是在方案 3 的基础上，把直线径向槽改为径向钩形槽的圆锯片；

方案 5 是在方案 3 的基础上，增加了 8 个径向直线消音细缝的圆锯片；

方案 6 是在方案 4 的基础上，增加了 8 个径向钩形细缝的圆锯片。

6.4.2　圆锯片模型建立

用 SolidWorks 建立 6 种方案的圆锯片模型。圆锯片模型尺寸与 Bobeczko 试验圆锯片尺寸相同，方案 1~方案 6 圆锯片模型示意如图 6-8 所示。

图 6-8 中，圆锯片夹盘的直径为 356mm，外径为 914mm，夹径比为 0.389。

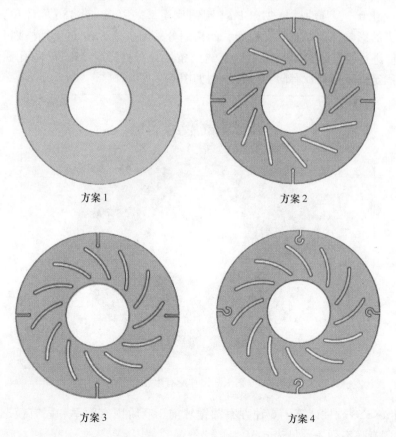

方案 1　　　　　　　　　　　　方案 2

方案 3　　　　　　　　　　　　方案 4

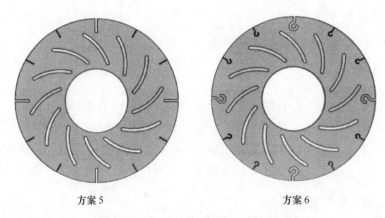

方案5   方案6

图6-8 方案1~方案6圆锯片模型示意图

6.4.3 圆锯片有限元模态分析

将模型导入 ANSYS 中进行模态分析。圆锯片物理参数为：材料密度 7800kg/m^3，泊松比 0.3，弹性模量 210GPa。圆锯片模型采用 20node186 实体单元类型，忽略锯齿的影响，建立有限元模型，网格划分采用三角 Free 自由网格划分。AN-SYS 软件进行模态分析时，需要确定约束条件，在直径为 356mm 圆孔面所有节点均为固定点。圆锯片有限元计算模型如图6-9 所示。

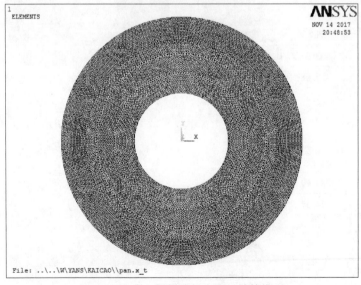

图6-9 方案1圆锯片的有限元计算模型

用 ANSYS 软件计算了 6 种方案圆锯片前 100 阶固有频率和固有模态，把圆锯片的固有频率列表，见表6-3。

表 6-3 开槽圆锯片的固有频率　　　　　　　（Hz）

阶数	圆锯片方案编号					
	1	2	3	4	5	6
1	62.490	45.334	46.683	46.701	46.636	46.607
2	63.007	46.836	48.329	48.377	48.322	48.340
3	63.008	46.838	48.331	48.380	48.323	48.341
4	72.608	56.672	57.857	57.388	57.712	57.151
5	72.608	59.200	60.537	60.822	59.507	59.396
6	105.34	87.710	87.676	86.853	85.106	83.279
7	105.34	87.710	87.680	86.855	85.107	83.281
8	163.36	134.71	132.78	130.07	126.82	121.86
9	163.36	137.89	135.69	133.99	129.90	125.83
10	242.56	200.48	195.83	191.39	185.43	176.89
11	242.56	200.49	195.84	191.39	185.44	176.89
12	339.95	264.26	255.72	246.93	242.43	228.21
13	339.96	294.72	289.55	283.87	268.99	255.16
14	404.36	332.13	332.30	331.30	330.12	311.21
15	417.46	337.90	337.27	332.42	330.13	311.22
16	417.47	337.91	337.28	332.43	332.01	330.38
17	453.97	365.22	365.04	357.42	345.75	340.90
18	453.97	372.22	365.35	357.43	345.76	340.91
19	457.48	372.24	365.36	363.02	361.82	357.53
20	457.48	372.50	374.09	373.60	367.45	363.94
21	526.04	407.90	407.12	401.79	396.18	365.53
22	526.04	407.90	407.13	404.86	398.31	390.40
23	583.79	416.88	420.79	404.88	398.32	390.41
24	583.79	461.30	447.79	441.41	433.62	406.50
25	624.57	481.62	456.50	449.49	446.84	439.81
26	624.58	498.98	479.74	470.07	450.51	444.50
27	728.98	499.00	479.77	470.10	471.37	461.17
28	728.99	500.58	492.39	485.01	471.39	461.19
29	753.44	519.10	495.77	488.07	486.20	475.79
30	753.45	582.36	565.32	550.58	520.25	487.41
31	889.29	582.39	565.33	550.59	520.31	487.41

阶数	圆锯片方案编号					
	1	2	3	4	5	6
32	889.29	628.48	630.12	604.65	587.07	537.22
33	911.56	709.01	651.84	645.15	619.97	587.88
34	911.56	709.02	676.15	665.21	660.66	626.81
35	1064.5	726.57	676.16	665.23	660.71	626.87
36	1064.5	727.28	685.65	676.61	676.87	650.99
37	1096.6	739.47	688.26	685.34	685.14	678.99
38	1096.6	791.13	697.78	693.52	694.99	688.07
39	1162.2	795.94	697.82	693.54	695.02	688.10
40	1176.6	795.97	705.19	696.44	705.14	693.81
41	1176.6	817.50	737.29	727.93	725.43	712.81
42	1220.1	817.50	742.31	729.90	729.42	712.84
43	1220.1	821.60	742.34	729.91	729.47	713.94
44	1254.6	826.59	746.86	731.48	731.39	715.81
45	1254.6	830.31	818.63	815.76	785.34	746.61
46	1294.2	898.67	843.26	823.00	800.85	750.44
47	1294.2	914.97	872.42	836.05	800.91	750.51
48	1305.9	915.02	872.43	836.06	804.95	752.66
49	1305.9	934.61	899.71	849.32	821.40	799.22
50	1400.5	1110.6	1088.6	1051.5	1018.5	945.07
51	1400.5	1118.5	1095.1	1056.6	1031.4	954.59
52	1459.3	1118.5	1095.1	1056.6	1031.4	954.65
53	1459.3	1134.6	1112.1	1064.8	1037.9	962.76
54	1498.3	1166.3	1172.2	1150.9	1089.1	1025.5
55	1536.7	1168.8	1179.3	1155.2	1104.0	1034.6
56	1536.7	1168.8	1180.5	1155.2	1104.0	1034.6
57	1540.5	1175.0	1180.5	1162.0	1114.7	1055.9
58	1540.6	1206.1	1196.6	1170.4	1122.4	1066.3
59	1678.6	1221.3	1206.9	1195.8	1134.3	1072.0
60	1678.6	1221.9	1219.3	1195.8	1134.4	1074.8
61	1715.1	1221.9	1219.3	1198.9	1168.2	1074.9
62	1715.1	1223.2	1234.3	1214.0	1216.3	1177.2
63	1786.9	1261.5	1234.4	1214.0	1220.2	1184.1
64	1786.9	1261.5	1234.4	1215.6	1220.2	1184.1
65	1912.4	1312.1	1271.9	1232.9	1228.8	1186.8

续表6-3

阶数	圆锯片方案编号					
	1	2	3	4	5	6
66	1912. 4	1322. 0	1273. 1	1250. 4	1228. 9	1196. 1
67	1924. 4	1322. 0	1273. 2	1250. 4	1228. 9	1196. 1
68	1924. 5	1437. 1	1432. 4	1369. 6	1246. 0	1197. 0
69	2055. 0	1468. 6	1443. 8	1396. 4	1297. 8	1206. 0
70	2055. 1	1468. 6	1443. 8	1396. 5	1297. 9	1206. 0
71	2160. 5	1485. 6	1457. 3	1424. 7	1331. 9	1224. 8
72	2160. 5	1527. 1	1483. 4	1454. 3	1388. 1	1295. 4
73	2167. 6	1527. 1	1495. 7	1460. 7	1391. 9	1321. 2
74	2167. 6	1530. 9	1495. 8	1460. 7	1392. 0	1321. 2
75	2285. 8	1534. 6	1498. 1	1467. 2	1397. 2	1348. 1
76	2301. 0	1609. 0	1579. 3	1509. 7	1548. 3	1398. 6
77	2301. 0	1626. 1	1580. 0	1528. 1	1557. 8	1421. 1
78	2340. 2	1626. 1	1580. 1	1528. 2	1557. 9	1421. 1
79	2340. 2	1652. 1	1582. 2	1540. 8	1564. 1	1438. 8
80	2346. 8	1664. 6	1625. 6	1565. 6	1568. 4	1535. 6
81	2346. 9	1705. 3	1630. 3	1572. 4	1578. 4	1545. 8
82	2380. 3	1705. 3	1630. 3	1572. 5	1578. 4	1545. 9
83	2380. 3	1731. 3	1637. 8	1579. 5	1588. 7	1554. 2
84	2422. 8	1855. 1	1747. 9	1696. 1	1654. 1	1555. 3
85	2422. 8	1968. 8	1896. 6	1773. 8	1658. 1	1558. 7
86	2424. 1	1978. 1	1901. 1	1782. 6	1658. 2	1558. 8
87	2424. 1	1978. 1	1901. 1	1782. 7	1662. 7	1562. 6
88	2442. 6	1993. 9	1908. 6	1794. 4	1745. 0	1691. 3
89	2442. 6	2097. 9	1936. 7	1877. 2	1905. 0	1769. 6
90	2533. 7	2130. 4	1946. 1	1883. 3	1905. 6	1771. 8
91	2533. 8	2130. 4	1946. 1	1883. 4	1905. 7	1772. 1
92	2641. 7	2154. 0	1954. 2	1887. 5	1921. 1	1774. 3
93	2641. 7	2162. 0	2032. 3	1949. 8	1923. 5	1882. 2
94	2677. 1	2162. 1	2049. 0	1953. 2	1930. 3	1882. 4
95	2677. 1	2164. 3	2049. 0	1953. 2	1932. 6	1884. 4
96	2699. 3	2165. 3	2050. 2	1955. 4	1932. 8	1887. 0
97	2699. 3	2185. 8	2104. 1	2025. 8	1944. 7	1900. 3

阶数	圆锯片方案编号					
	1	2	3	4	5	6
98	2746.7	2192.7	2114.2	2055.0	1972.3	1905.1
99	2746.7	2192.8	2114.2	2055.1	1972.4	1910.6
100	2855.2	2197.2	2158.0	2090.5	2000.5	1910.7

为分析开槽对圆锯片固有频率的影响，将 6 种方案圆锯片前 100 阶固有频率绘成折线图，如图 6-10 所示。

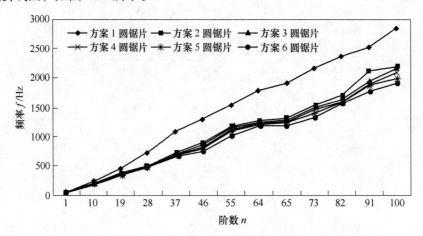

图 6-10　方案 1~方案 6 的圆锯片固有频率分布图

由图 6-10 可知，在圆锯片基体上开槽以后，圆锯片固有频率降低，并且在高阶数方案 6 圆锯片固有频率最低。圆锯片开槽以后，削弱了圆锯片的刚度，使得圆锯片固有频率降低。

圆锯片的典型模态如图 6-11 所示。

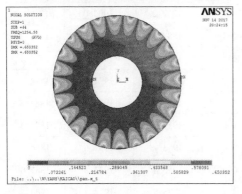

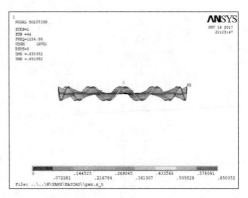

(a)　　　　　　　　　　　　　　　　(b)

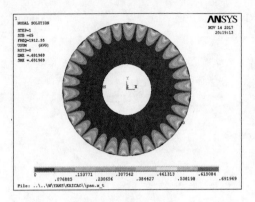

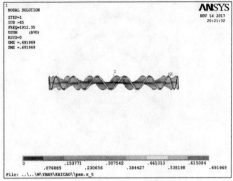

(c)

(d)

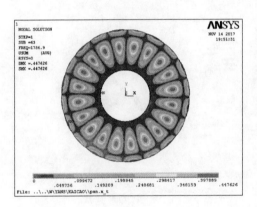

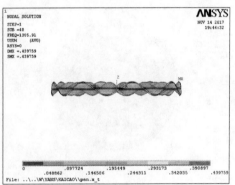

(e)

(f)

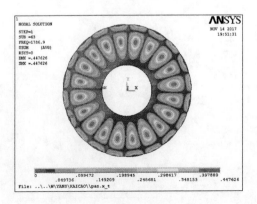

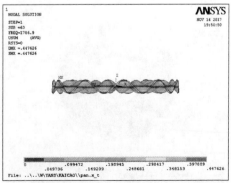

(g)

(h)

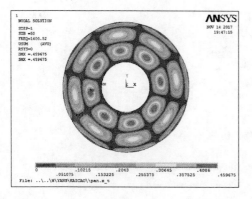
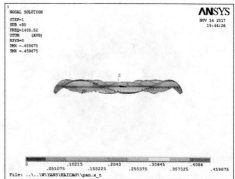

(i) (j)

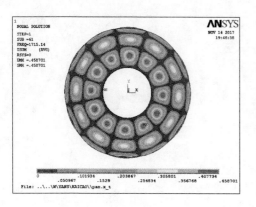
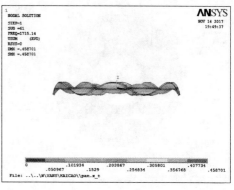

(k) (l)

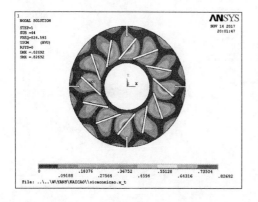
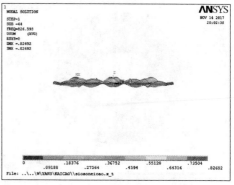

(m) (n)

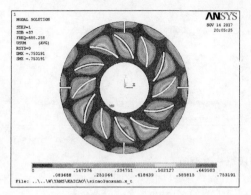

(o)

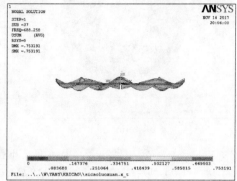

(p)

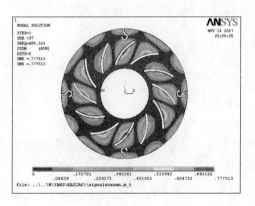

(q)

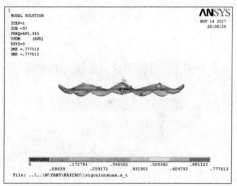

(r)

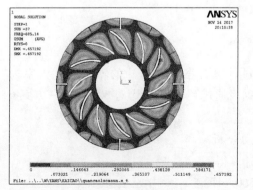

(s)

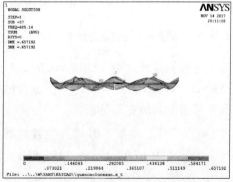

(t)

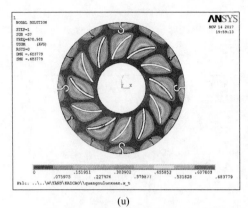
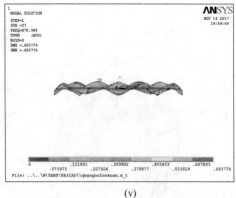

(u)　　　　　　　　　　　　　　　　(v)

图 6-11　开槽圆锯片模态图

（a），（b）方案 1 圆锯片（0，12）模态；（c），（d）方案 1 圆锯片（0，15）模态；
（e），（f）方案 1 圆锯片（1，8）模态；（g），（h）方案 1 圆锯片（1，10）模态；
（i），（j）方案 1 圆锯片（2，4）模态；（k），（l）方案 1 圆锯片（2，6）模态；
（m），（n）方案 2 圆锯片（1，6）模态；（o），（p）方案 3 圆锯片（1，6）模态；
（q），（r）方案 4 圆锯片（1，6）模态；（s），（t）方案 5 圆锯片（1，6）模态；
（u），（v）方案 6 圆锯片（1，6）模态

6.5　开槽圆锯片行波振动分析

6.5.1　圆锯片行波振动基础理论

　　静止的圆锯片，当激振力频率等于固有频率时会引起共振。而高速旋转的圆锯片，应考虑圆锯片转动的效应，必须采用行波振动理论分析。

　　基于行波振动理论，分析引起圆锯片振动的原因，计算圆锯片的前、后行波振动频率。

　　圆锯片在高速旋转情况下，行波分为前行波和后行波，行波振动频率公式参考式（6-1）和式（6-2），锯齿通过频率参考式（6-3）。

6.5.2　圆锯片行波振动计算

　　当圆锯片转速为 1530r/min 时，经过计算方案 1 圆锯片的锯齿通过频率为 1530Hz，方案 2、3、4、5、6 圆锯片的锯齿通过频率为 918Hz。对方案 1~方案 6 圆锯片进行行波振动分析。

6.5.2.1　方案 1 圆锯片的行波振动分析

　　方案 1 中 $P(0，12) = 1254.6\text{Hz}$，计算得：

$$P_f = 1560.6\text{Hz}$$

$$\Delta_1 = |\, P_f - P \,| = |\, 1560.6 - 1530 \,| = 30.6\text{Hz}, \quad \delta_1 = \Delta_1 / P = 2\%$$

方案 1 中 $P(0, 15) = 1912.4$ Hz，计算得：
$$P_b = 1529.9 \text{Hz}$$
$$\Delta_2 = | P_b - P | = | 1529.9 - 1530 | = 0.1 \text{Hz}, \quad \delta_2 = \Delta_2 / P = 0.007\%$$
方案 1 中 $P(1, 8) = 1305.9$ Hz，计算得：
$$P_f = 1509.9 \text{Hz}$$
$$\Delta_3 = | P_f - P | = | 1509.9 - 1530 | = 20.1 \text{Hz}, \quad \delta_3 = \Delta_3 / P = 1.3\%$$
方案 1 中 $P(1, 10) = 1786.9$ Hz，计算得：
$$P_b = 1531.9 \text{Hz}$$
$$\Delta_4 = | P_b - P | = | 1531.9 - 1530 | = 1.9 \text{Hz}, \quad \delta_4 = \Delta_4 / P = 0.12\%$$
方案 1 中 $P(2, 4) = 1400.5$ Hz，计算得：
$$P_f = 1502.5 \text{Hz}$$
$$\Delta_5 = | P_f - P | = | 1502.5 - 1530 | = 27.5 \text{Hz}, \quad \delta_5 = \Delta_5 / P = 1.8\%$$
方案 1 中 $P(2, 6) = 1715.1$ Hz 计算得：
$$P_b = 1562.1 \text{Hz}$$
$$\Delta_6 = | P_b - P | = | 1562.1 - 1530 | = 32.1 \text{Hz}, \quad \delta_6 = \Delta_6 / P = 2.1\%$$

其中 $\delta_{max} < 5\%$，以上行波振动频率均接近 1530Hz，引起行波共振，且是多行波共振。

6.5.2.2 方案 2 圆锯片的行波振动分析

方案 2 中 $P(1, 6) = 826.59$ Hz 计算得：
$$P_f = 979.59 \text{Hz}$$
$$\Delta_7 = | 979.59 - 918 | = 61.59 \text{Hz}, \quad \delta_7 = \Delta_7 / P = 6.7\%$$

计算结果 $\delta_7 > 5\%$，远离行波共振频率，方案 2 圆锯片避开了行波引起的共振。

6.5.2.3 方案 3 圆锯片的行波振动分析

方案 3 中 $P(1, 6) = 688.26$ Hz 计算得：
$$P_f = 841.26 \text{Hz}$$
$$\Delta_8 = | 841.26 - 918 | = 76.74 \text{Hz}, \quad \delta_8 = \Delta_8 / P = 8.4\%$$

计算结果 $\delta_8 > 5\%$，远离行波共振频率，方案 2 圆锯片避开了行波引起的共振。

6.5.2.4 方案 4 圆锯片的行波振动分析

方案 4 中 $P(1, 6) = 685.34$ Hz，计算得：
$$P_f = 838.34 \text{Hz}$$
$$\Delta_9 = | 838.34 - 918 | = 79.66 \text{Hz}, \quad \delta_9 = \Delta_9 / P = 8.7\%$$

计算结果 $\delta_9 > 5\%$，远离行波共振频率，方案 2 圆锯片避开了行波引起的共振。

6.5.2.5 方案 5 圆锯片的行波振动分析

方案 5 中 $P(1, 6) = 685.14$ Hz，计算得：

$$P_f = 838.14\text{Hz}$$

$$\Delta_{10} = |838.14 - 918| = 79.86\text{Hz}, \quad \delta_{10} = \Delta_{10}/P = 8.7\%$$

计算结果 $\delta_{10} > 5\%$，远离行波共振频率，方案 2 圆锯片避开了行波引起的共振。

6.5.2.6 方案 6 圆锯片的行波振动分析

方案 6 中 $P(1, 6) = 678.99\text{Hz}$，计算得：

$$P_f = 831.99\text{Hz}$$

$$\Delta_{11} = |831.99 - 918| = 86.01\text{Hz}, \quad \delta_{11} = \Delta_{11}/P = 9.4\%$$

计算结果 $\delta_{11} > 5\%$，远离行波共振频率，方案 2 圆锯片避开了行波引起的共振。

6.5.3 结果分析

(1) 对方案 1 圆锯片进行行波振分析的结果表明：其中 $\delta_{max} < 5\%$，以上行波振动频率均接近 1530Hz，引起行波共振，且是多行波共振，这是方案 1 圆锯片噪声高达 109dB 的原因。

(2) 对方案 2 圆锯片进行行波振分析的结果表明：其中 $\delta_7 > 5\%$，远离行波共振频率，方案 2 圆锯片避开了行波引起的共振，噪声仅为 90dB，降噪 19dB。从行波角度可解释方案 2 圆锯片降噪 15dB 的原因。

(3) 根据以上计算结果确立各方案中 Δ_{min} 和 δ_{min}，见表 6-4。

表 6-4 行波振动频率与激振力频率的差值以及差值和激振力频率的比值表

方案	1	2	3	4	5	6
Δ_{min}/Hz	0.1	61.59	76.74	79.66	79.86	86.01
$\delta_{min}/\%$	0.007	6.7	8.4	8.7	8.7	9.4

为了便于对比分析，确立最优方案，分别将表 6-4 中 Δ_{min}、δ_{min} 值绘成折线图，如图 6-12 和图 6-13 所示。

根据以上图表可知：

方案 2、3、4、5 和 6 均能避开行波共振频率，达到减振降噪效果。

在 6 种方案当中，与其他 5 种方案相比，方案 6 圆锯片降噪最好，因为方案 6 圆锯片能更好地远离行波振频率，δ 值最大为 9.4%。在同样工况下，方案 6 的降噪效果要更加优于其他方案的降噪效果。

通过 ANSYS 软件对圆锯片和开槽圆锯片进行有限元模态分析，计算固有频率，并对各方案圆锯片进行行波振动计算。因对圆锯片的研究没有进行实验，只是从理论角度对圆锯片进行分析，为表明圆锯片的降噪效果，用 Δ、δ 值表示，值越大，锯齿通过频率越远离行波振动频率，降噪效果也最好。当 $\delta < 5\%$ 时，说明锯齿通过频率接近行波振动频率，此时易引起圆锯片共振。

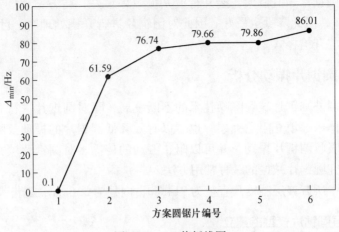

图 6-12 Δ_{min} 值折线图

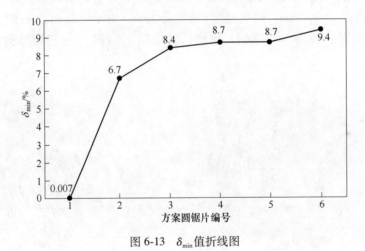

图 6-13 δ_{min} 值折线图

6.5.4 小结

通过对比圆锯片的固有频率,可知对圆锯片进行开槽处理可有效降低圆锯片的固有频率,并且在高阶数时方案 6 圆锯片的固有频率最低。

通过对方案 1 圆锯片进行行波振动计算,在圆锯片工作为转速 1530r/min 时,其 $\delta_{max}<5\%$,引起圆锯片行波共振且是多行波共振,此时会出现剧烈振动和噪声,进而用行波振动理论解释出圆锯片噪声高达 109dB 分贝的原因。在与方案 1 圆锯片在同样工况条件下,经过行波振动理论计算,各方案的圆锯片的 $\delta>5\%$,方案 2、3、4、5、6 圆锯片能避开行波共振,达到减振降噪效果,且从行波振动角度解释了方案 2 圆锯片降噪 19dB 原因。

　　方案 6 圆锯片 δ 值最大，避开行波共振效果最好，与方案 2 圆锯片相比，δ 值提高 2.7%，因此降噪也最好。因此对圆锯片进行开槽处理时，可优先选择方案 6 圆锯片的开槽样式。

6.6　夹层圆锯片振动分析

　　随着国内外圆锯片减振降噪技术的不断发展，除对圆锯片进行开槽降噪外，在圆锯片基体内部填充阻尼夹层，也可以有效降低圆锯片的振动及噪声的产生，阻尼夹层能吸收圆锯片振动，并可以阻止振动的传播。对圆锯片填充阻尼夹层，也是当今研究圆锯片减振的一种常用方法。

　　在本节中所有夹层圆锯片直径为 914mm，内径为 356mm，锯齿齿数为 36。

6.6.1　夹层圆锯片模型的建立

　　建立内置单阻尼夹层圆锯片模型，添加的阻尼夹层的结构参数为：外径 $D=700$mm，内径 $d=356$mm，夹层厚度 t 分别为 1mm、2mm、3mm、4mm，分布在圆锯片基体中间。利用 SolidWorks 建模，夹层阻尼圆锯片的三维结构示意如图 6-14 所示。

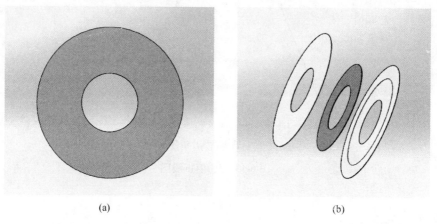

(a)　　　　　　　　　　　　　　　　(b)

图 6-14　夹一层阻尼圆锯片的平面图（a）和爆炸图（b）

6.6.2　内置多阻尼夹层圆锯片模型的建立

　　内置多阻尼夹层圆锯片一共有 5 层：外侧和中间为金属锯片基体，阻尼夹层夹在中间。而阻尼夹层安装方式有 2 种方案：一种是嵌在外侧金属锯片基体中，另一种是嵌在中间金属锯片基体中。添加的阻尼夹层的结构参数为：外径 $D=700$mm，内径 $d=356$mm，厚度 $t=1.2$mm。

　　方案 1：将二层阻尼夹层嵌在外侧圆锯片基体内，三层锯片，每两层锯片之间夹一层阻尼，排列为：锯片-阻尼-锯片-阻尼-锯片。夹两层阻尼圆锯片的平面图和爆炸图如图 6-15 所示。

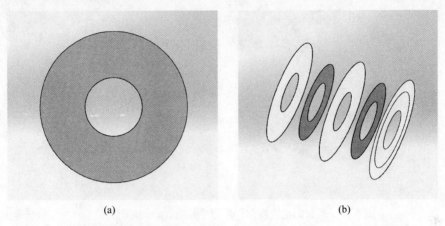

| (a) | (b) |

图 6-15 两层阻尼夹层嵌在外侧锯片基体内的圆锯片平面图（a）和爆炸图（b）

方案 2：将两层阻尼夹层嵌在中间的锯片基体内，三层锯片，每两层锯片之间夹一层阻尼，排列为：锯片-阻尼-锯片-阻尼-锯片。夹两层阻尼圆锯片的平面图和爆炸图如图 6-16 所示。

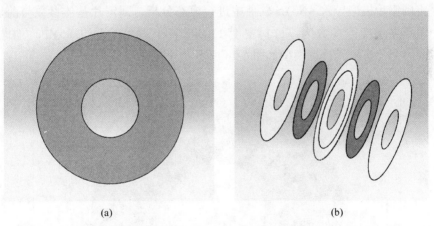

| (a) | (b) |

图 6-16 两层阻尼夹层嵌在中间锯片基体内的圆锯片平面图（a）和爆炸图（b）

6.6.3 外置阻夹层圆锯片模型的建立

外置阻尼夹层圆锯片是将阻尼夹层嵌在锯片基体中，锯片厚度仍为 6mm，排列为：阻尼-锯片-阻尼。添加的阻尼夹层的结构参数为：外径 $D = 700$mm，内径 $d = 356$mm，厚度 $t = 2$mm，总厚度 4mm。

外置阻尼夹层圆锯片的三维结构示意如图 6-17 所示。

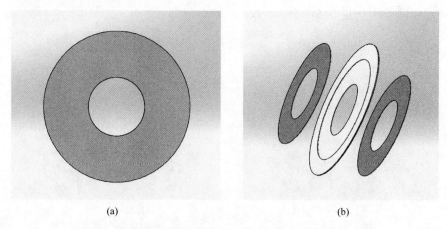

(a)　　　　　　　　　　　　　　(b)

图 6-17　外置阻尼夹层圆锯片的平面图（a）和爆炸图（b）

6.7　夹层圆锯片有限元模态分析

6.7.1　内置单阻尼夹层圆锯片有限元模态分析

将圆锯片模型导入 ANSYS 软件中进行模态分析，圆锯片基体参数与前述相同，阻尼夹层性能参数为：材料密度 1300kg/m³，弹性模量 7.86MPa，泊松比 0.47。圆锯片有限元计算模型如图 6-18 所示。

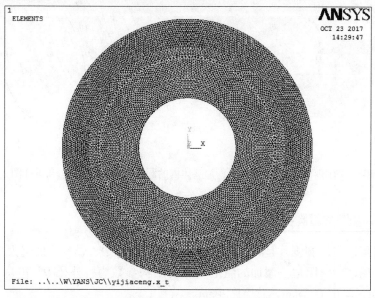

图 6-18　圆锯片的有限元计算模型

用 ANSYS 软件计算 4 种不同阻尼夹层厚度圆锯片前 100 阶固有频率和固有模态，把圆锯片的固有频率列表，见表 6-5。

表 6-5　夹层圆锯片的固有频率　　　　　　　　（Hz）

阶数	夹层圆锯片编号			
	1	2	3	4
1	45.511	38.347	30.484	22.813
2	45.515	38.351	30.764	24.016
3	46.795	39.031	30.769	24.023
4	55.471	50.513	45.588	40.792
5	55.472	50.514	45.589	40.793
6	92.669	89.669	86.402	82.322
7	92.669	89.669	86.402	82.323
8	152.28	149.79	146.75	142.24
9	152.28	149.79	146.75	142.24
10	229.78	219.90	197.67	167.82
11	229.78	226.88	208.16	176.15
12	241.58	226.88	208.18	176.28
13	253.50	231.44	222.99	195.48
14	253.51	231.45	222.99	195.53
15	287.82	263.79	235.61	215.61
16	287.82	263.80	235.63	215.61
17	323.88	310.63	271.34	218.08
18	323.88	310.64	271.36	218.12
19	340.39	319.79	311.45	243.77
20	340.40	319.79	311.48	243.88
21	407.38	366.81	312.94	277.13
22	407.38	366.83	312.94	277.17
23	434.21	427.95	357.77	285.84
24	434.21	427.96	357.79	285.90
25	487.32	431.48	399.85	310.83
26	487.32	431.49	411.25	325.54
27	560.52	506.22	411.40	326.07
28	560.52	506.29	411.44	335.68
29	580.55	508.88	411.44	335.73

阶数	夹层圆锯片编号			
	1	2	3	4
30	580.57	518.85	414.11	336.89
31	626.05	518.94	414.18	336.97
32	635.85	549.62	446.80	369.93
33	635.95	549.66	446.88	370.19
34	665.86	550.59	487.10	388.38
35	665.90	550.59	487.13	388.47
36	687.92	593.08	506.47	435.34
37	687.93	593.11	506.51	435.51
38	702.62	602.27	507.04	436.19
39	702.62	602.28	507.07	436.20
40	716.87	676.46	585.44	446.41
41	716.90	676.47	585.47	446.56
42	789.41	686.33	588.69	506.31
43	789.43	686.33	588.72	506.35
44	809.93	693.50	598.02	511.67
45	809.95	693.55	598.05	511.97
46	860.28	769.79	676.10	559.31
47	860.28	769.80	676.11	559.32
48	883.09	808.97	692.66	571.53
49	883.12	808.99	692.73	571.82
50	946.66	832.72	720.61	584.72
51	944.67	832.73	720.61	584.93
52	996.86	879.01	771.97	609.82
53	996.89	879.02	772.05	614.89
54	1033.3	941.50	794.58	617.20
55	1033.3	941.52	794.65	630.83
56	1097.8	986.23	851.75	631.04
57	1097.8	986.24	857.24	634.36
58	1129.6	1001.5	858.55	636.50
59	1129.6	1001.5	870.04	664.96
60	1221.4	1094.0	870.05	665.21

阶数	夹层圆锯片编号			
	1	2	3	4
61	1221.4	1094.0	874.01	670.90
62	1262.9	1104.6	874.02	671.36
63	1262.9	1111.1	876.03	689.94
64	1280.4	1112.0	877.07	690.09
65	1280.4	1132.7	904.50	697.98
66	1339.8	1133.2	904.62	698.06
67	1347.6	1135.8	908.85	730.32
68	1348.1	1135.8	909.20	730.58
69	1372.7	1144.3	957.35	752.05
70	1372.9	1144.3	957.56	752.29
71	1395.4	1169.7	970.61	754.63
72	1416.0	1169.8	970.69	755.36
73	1416.0	1222.7	1022.4	817.14
74	1424.3	1222.9	1022.5	817.23
75	1424.3	1268.2	1024.6	828.66
76	1441.5	1268.3	1024.9	829.26
77	1441.6	1274.4	1044.7	842.44
78	1448.8	1281.2	1044.7	842.66
79	1448.8	1281.2	1076.3	845.57
80	1477.9	1293.1	1076.4	846.11
81	1478.1	1293.3	1113.5	920.74
82	1559.2	1307.4	1113.6	921.52
83	1559.3	1307.4	1128.1	927.00
84	1633.2	1382.1	1148.1	927.10
85	1633.2	1382.3	1148.3	942.70
86	1634.6	1438.1	1189.8	945.25
87	1634.6	1438.1	1190.0	945.53
88	1641.7	1463.2	1224.9	969.04
89	1641.7	1463.2	1225.0	969.37
90	1660.2	1477.0	1230.8	1049.4
91	1660.2	1477.1	1230.8	1049.7

阶数	夹层圆锯片编号			
	1	2	3	4
92	1781.3	1490.8	1281.4	1050.6
93	1781.4	1490.9	1281.5	1051.6
94	1837.6	1606.9	1323.9	1058.7
95	1837.6	1607.2	1314.0	1058.7
96	1837.7	1619.9	1357.3	1080.9
97	1837.7	1620.0	1357.4	1081.4
98	1873.4	1654.6	1421.9	1136.3
99	1873.4	1654.6	1422.3	1140.2
100	1923.3	1676.4	1430.9	1145.1

为便于分析阻尼夹层厚度对圆锯片固有频率的影响，将 4 种不同厚度阻尼夹层圆锯片前 100 阶固有频率绘成折线图，见图 6-19。圆锯片为第 6 章图 6-8 方案 1 圆锯片，夹层圆锯片 1 为阻尼夹层厚度为 1mm 锯片，夹层圆锯片 2 为阻尼夹层厚度为 2mm 锯片，夹层圆锯片 3 为阻尼夹层厚度为 3mm 锯片，夹层圆锯片 4 为阻尼夹层厚度为 4mm 锯片。

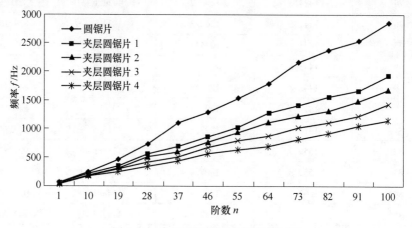

图 6-19　夹层圆锯片固有频率分布图

由图 6-19 中折线的变化可知：在同一阶数带有阻尼夹层的圆锯片的固有频率比圆锯片的固有频率要低。随着阻尼夹层厚度的增加，同阶数圆锯片固有频率降低，说明阻尼夹层能对圆锯片起到减振作用。在同一阶数下，阻尼夹层厚度为 4mm 的圆锯片固有频率最低。

由于圆锯片在发生振动时，阻尼夹层受到圆锯片基体的拉伸、压缩、剪切以及弯曲等作用，使得圆锯片内部阻尼夹层发生应力应变，消耗吸收掉圆锯片振动产生的部分能量，从而降低了圆锯片的振动强度，达到了对圆锯片减振降噪的效果。

6.7.2 内置多阻尼夹层圆锯片有限元模态分析

圆锯片有限元计算模型如图 6-20 所示。

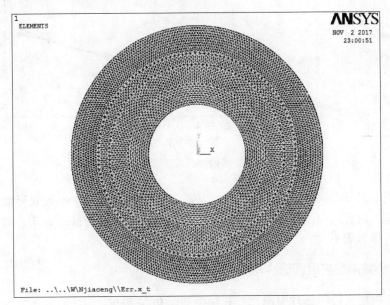

图 6-20 夹层圆锯片的有限元计算模型

用 ANSYS 软件计算方案 1 和方案 2 中两种不同阻尼夹层圆锯片前 100 阶固有频率和固有模态，把圆锯片的部分固有频率列表，见表 6-6 和表 6-7。

表 6-6 方案 1 圆锯片的固有频率

阶数	1	10	19	28	37	46
频率/Hz	29.701	181.27	288.26	386.15	472.68	635.56
阶数	55	64	73	82	91	100
频率/Hz	749.49	861.77	984.19	1074.5	1219.9	1414.9

表 6-7 方案 2 圆锯片的固有频率

阶数	1	10	19	28	37	46
频率/Hz	29.689	181.26	287.21	383.58	464.99	626.77
阶数	55	64	73	82	91	100
频率/Hz	721.38	830.48	939.49	1063.4	1212.8	1348.9

为便于分析夹层对圆锯片固有频率的影响，将 2 种不同夹层圆锯片前 100 阶固有频率绘成折线图，如图 6-21 所示。

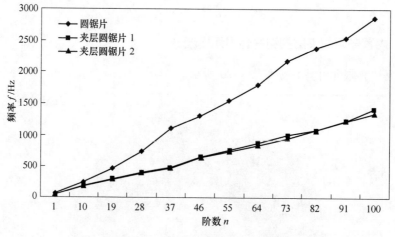

图 6-21　圆锯片固有频率分布图

由图 6-21 和表 6-6、表 6-7 可知，内置多阻尼夹层圆锯片可有效降低锯片的固有频率。内置同厚度阻尼的夹层圆锯片，改变阻尼夹层的排列方式，对圆锯片的固有频率影响不大。

6.7.3　外置阻尼夹层圆锯片有限元模态分析

外置阻尼夹层圆锯片有限元计算模型如图 6-22 所示。

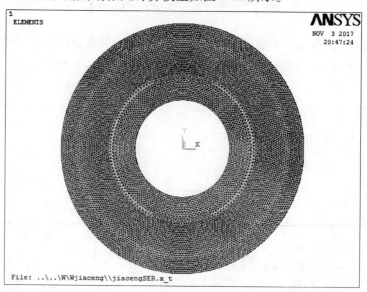

图 6-22　圆锯片的有限元计算模型

用 ANSYS 软件计算圆锯片前 100 阶固有频率和固有模态，把圆锯片的部分固有频率列表，见表 6-8。

表 6-8 圆锯片的固有频率

阶数	1	10	19	28	37	46
频率/Hz	17.644	132.44	288.72	426.11	517.74	700.60
阶数	55	64	73	82	91	100
频率/Hz	869.88	987.99	1057.4	1215.2	1329.0	1587.8

为便于分析不同阻尼夹层排列对圆锯片固有频率的影响，将夹层圆锯片前 100 阶固有频率绘成折线图，如图 6-23 所示。图中圆锯片为第 6 章图 6-8 方案 1 圆锯片，内置单阻尼夹层圆锯片的阻尼夹层厚度为 4mm 的夹层圆锯片。

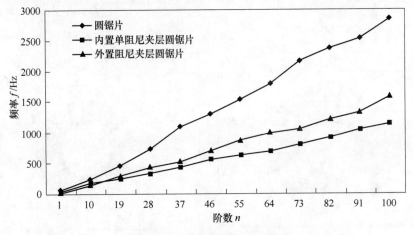

图 6-23 圆锯片固有频率分布图

由图 6-23 可知，外置阻尼夹层圆锯片可降低圆锯片固有频率；同厚度阻尼夹层，在同阶数外置阻尼夹层圆锯片比内置单阻尼夹层圆锯片固有频率要高。

6.8 夹层圆锯片行波振动分析

6.8.1 内置单阻尼夹层圆锯片行波振动分析

提取不同厚度阻尼夹层圆锯片的典型模态图，如图 6-24 所示。图 6-24(a)(c)(e)(g)(i)(k)(m)(o)(q)(s)为锯片振型，图 6-24(b)(d)(f)(h)(j)(l)(n)(p)(r)(t)为对应振型的锯片夹层模态图。

圆锯片锯齿齿数为 36，圆锯片工作转速为 1530r/min，锯齿通过频率为 918Hz，对 4 种不同厚度的阻尼夹层圆锯片进行行波振动分析，计算结果见表 6-9。

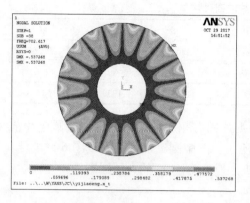

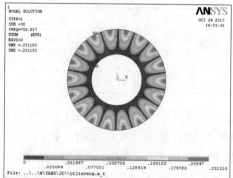

(a)

(b)

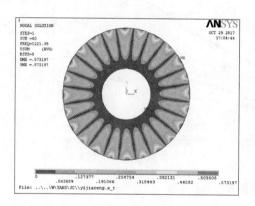

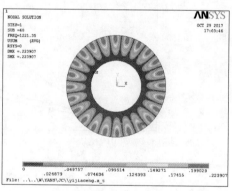

(c)

(d)

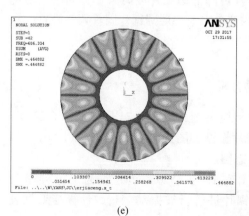

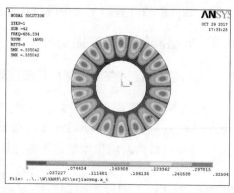

(e)

(f)

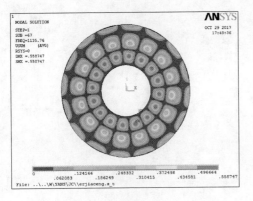
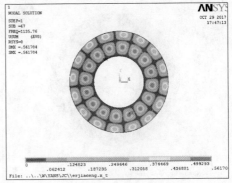

(g)　　　　　　　　　　　　　　　(h)

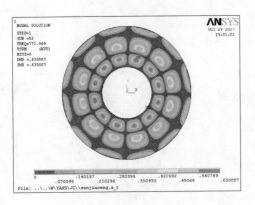
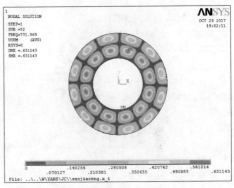

(i)　　　　　　　　　　　　　　　(j)

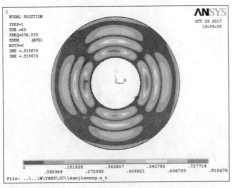
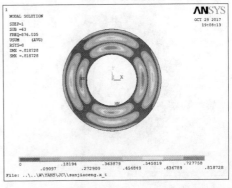

(k)　　　　　　　　　　　　　　　(l)

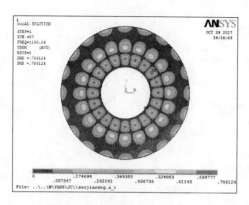

(m)

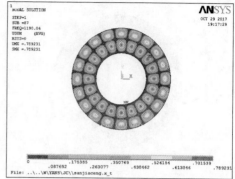

(n)

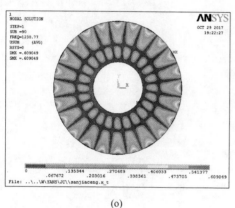

(o)

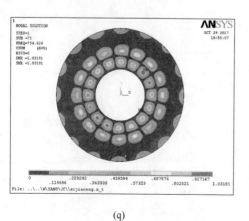

(p)

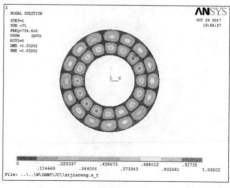

(q)

(r)

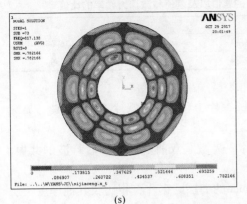
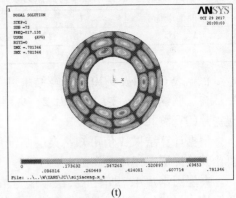

(s)   (t)

图 6-24　不同厚度阻尼夹层圆锯片的典型模态图

（a）,（b）圆锯片 1（0, 9）模态；（c）,（d）圆锯片 1（0, 12）模态；
（e）,（f）圆锯片 2（0, 9）模态；（g）,（h）圆锯片 2（2, 8）模态；
（i）,（j）圆锯片 3（2, 6）模态；（k）,（l）圆锯片 3（3, 2）模态；
（m）,（n）圆锯片 3（2, 10）模态；（o）,（p）圆锯片 3（1, 12）模态；
（q）,（r）圆锯片 4（2, 8）模态；（s）,（t）圆锯片 4（3, 5）模态

表 6-9　行波振动分析计算结果

频率/Hz	夹层圆锯片编号			
	1	2	3	4
$P(0, 9)$	702.62	686.33		
$P(0, 12)$	1221.4			
$P(1, 12)$			1230.8	
$P(2, 6)$			771.97	
$P(2, 8)$		1135.8		754.63
$P(2, 10)$			1190.0	
$P(3, 2)$			876.03	
$P(3, 5)$				817.14
P_b	915.4	931.8	924.8, 935	
P_f	932.12	915.83	924.97, 927.03	958.63, 944.64
$\Delta(\mid P_b - P \mid, \mid P_f - P \mid)$	2.6, 14.12	13.8, 2.17	6.8, 17, 6.97, 9.03	40.63, 26.64

分别取夹层圆锯片 1、2、3、4 的 $\Delta_{\min}$ 最小值，令 $\Delta_{\min1} = 2.6 \mathrm{Hz}$，$\Delta_{\min2} = 2.17 \mathrm{Hz}$，$\Delta_{\min3} = 6.8 \mathrm{Hz}$，$\Delta_{\min4} = 26.64 \mathrm{Hz}$。

4 种厚度夹层圆锯片行波振动频率与激振力频率的差值以及差值和激振力频率的比值列于表 6-10。

表 6-10 行波振动频率与激振力频率的差值以及差值和激振力频率的比值

夹层圆锯片编号	1	2	3	4
Δ_{min}/Hz	2.6	2.17	6.8	26.64
δ_{min}/%	0.28	0.24	0.74	2.9

根据表 6-9 和表 6-10 的计算结果可知：

夹层圆锯片 1、夹层圆锯片 2、夹层圆锯片 3 和夹层圆锯片 4 的 $\delta < 5\%$，易激起锯片的行波共振。

根据计算结果 Δ 值可知，夹层圆锯片 3 易激起双前行波和双后行波的共振，要比其他夹层圆锯片噪声更大。

夹层圆锯片 4，即阻尼夹层厚度为 4mm 的夹层圆锯片，相比较其他厚度夹层圆锯片，引起的行波共振强度要弱，Δ 值与 δ_{min} 相对更大一些，$\delta_{min} = 2.9\%$。

6.8.2 内置多阻尼夹层圆锯片行波振动分析

内置多阻尼夹层圆锯片行波振动分析详见第 6.6.2 节方案 1 中图 6-15 圆锯片，以及方案 2 中图 6-16 圆锯片。

6.8.2.1 方案 1

两层阻尼夹层嵌在外侧锯片基体内的圆锯片，其模态振型如图 6-25 所示。

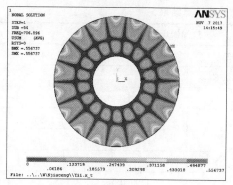

(a)

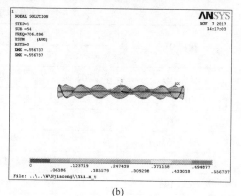

(b)

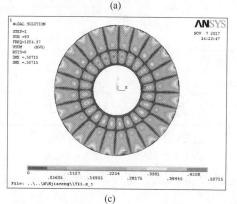

(c)

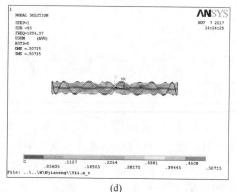

(d)

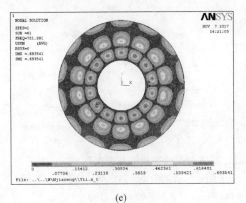
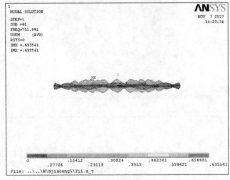

(e)　　　　　　　　　　　　　　　　　　(f)

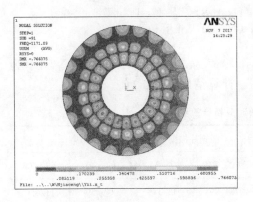
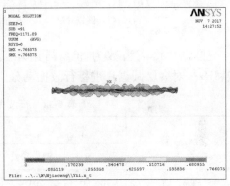

(g)　　　　　　　　　　　　　　　　　　(h)

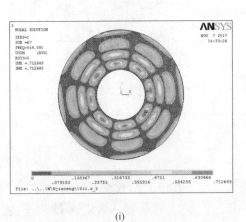
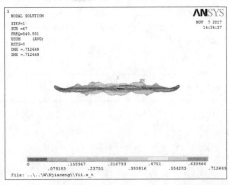

(i)　　　　　　　　　　　　　　　　　　(j)

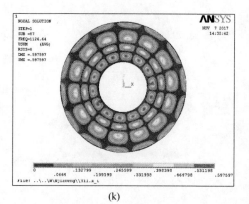
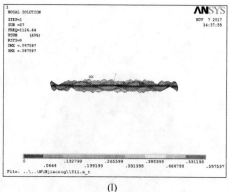

(k)   (l)

图 6-25　两层阻尼夹层嵌在外侧锯片基体内的圆锯片的模态振型

$(P(1, 9) = 706.90\mathrm{Hz}, P(1, 12) = 1204.04\mathrm{Hz}, P(2, 7) = 781.99\mathrm{Hz},$
$P(2, 11) = 1171.9\mathrm{Hz}, P(3, 4) = 849.59\mathrm{Hz}, P(3, 7) = 1126.6\mathrm{Hz})$
(a), (b) 圆锯片 (1, 9) 模态; (c), (d) 圆锯片 (1, 12) 模态;
(e), (f) 圆锯片 (2, 7) 模态; (g), (h) 圆锯片 (2, 11) 模态;
(i), (j) 圆锯片 (3, 4) 模态; (k), (l) 圆锯片 (3, 7) 模态

圆锯片锯齿齿数为 36, 圆锯片工作转速为 1530r/min, 锯齿通过频率为 918Hz。对夹层圆锯片进行行波振动分析, 计算结果见表 6-11。

表 6-11　行波振动分析计算结果

频率/Hz	圆锯片振型					
	(1, 9)	(1, 12)	(2, 7)	(2, 11)	(3, 4)	(3, 7)
$P(m, n)$	706.90	1204.4	781.99	1171.9	849.59	1126.6
P_b		898.4		891.4		948.1
P_f	936.4		960.49		951.59	
$\Delta(\mid P_\mathrm{b} - P \mid,$ $\mid P_\mathrm{f} - P \mid)$	18.4	19.6	42.49	26.6	33.59	30.1
$\delta/\%$	2.0	2.1	4.6	2.9	3.7	3.3

注: $\Delta_{\max} = 42.49\mathrm{Hz}$, $\delta_{\max} = 4.6\%$; $\Delta_{\min} = 18.4\mathrm{Hz}$, $\delta_{\min} = 2.0\%$。

6.8.2.2　方案 2

两层阻尼夹层嵌在中间锯片基体内的圆锯片, 其模态振型如图 6-26 所示。

圆锯片锯齿齿数为 36, 圆锯片工作转速为 1530r/min, 锯齿通过频率为 918Hz。对夹层圆圆锯片进行行波振动分析, 计算结果见表 6-12。

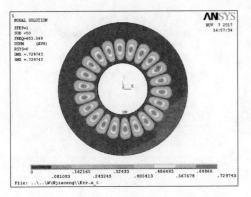
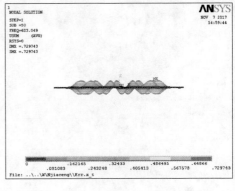

(a)

(b)

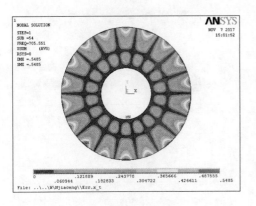
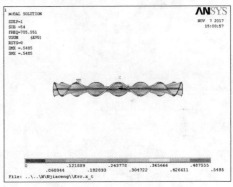

(c)

(d)

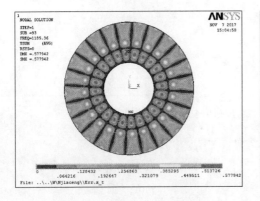
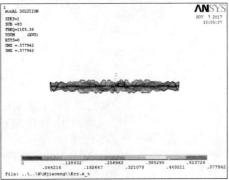

(e)

(f)

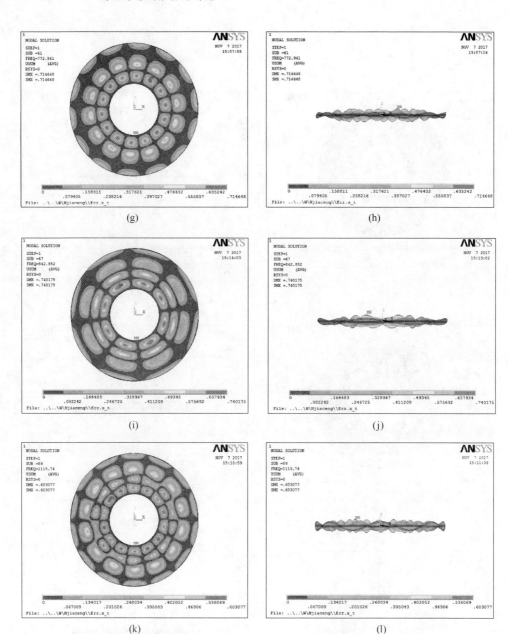

图 6-26　两层阻尼夹层嵌在中间锯片基体内的圆锯片的模态振型

（$P(0, 11)$ = 683.05Hz，$P(1, 9)$ = 705.55Hz，$P(1, 12)$ = 1185.4Hz，

$P(2, 7)$ = 772.94Hz，$P(3, 4)$ = 842.85Hz，$P(3, 7)$ = 1115.7Hz）

（a），（b）圆锯片（0, 11）模态；（c），（d）圆锯片（1, 9）模态；

（e），（f）圆锯片（1, 12）模态；（g），（h）圆锯片（2, 7）模态；

（i），（j）圆锯片（3, 4）模态；（k），（l）圆锯片（3, 7）模态

表 6-12 行波振动分析计算结果

频率/Hz	圆锯片振型					
	(0, 11)	(1, 9)	(1, 12)	(2, 7)	(3, 4)	(3, 7)
$P(m, n)$	683.05	705.55	1185.4	772.94	842.85	1115.7
P_b			879.4			937.2
P_f	963.55	935.05		951.44	944.85	
$\Delta(\mid P_f - P\mid, \mid P_f - P\mid)$	45.55	17.05	38.6	33.44	26.85	19.2
$\delta/\%$	5.0	1.9	4.2	3.6	3.0	2.1

注：$\Delta_{max} = 45.55Hz$，$\delta_{max} = 5.0\%$；$\Delta_{min} = 17.05Hz$；$\delta_{min} = 1.9\%$。

根据表 6-12 可知，两种方案的夹层圆锯片 Δ_{max}、δ_{max} 和 Δ_{min}、δ_{min} 数值大小相差无几，可见内置同厚度阻尼夹层圆锯片、改变阻尼夹层的排列方式并不能有效避免行波共振。

6.8.3 外置阻尼夹层圆锯片行波振动分析

对外置阻尼夹层圆锯片进行分析可知，从模态角度同厚度夹层圆锯片，外置阻尼夹层圆锯片比内置阻尼夹层圆锯片降低锯片固有频率的效果要低，但在同样的工况下，不意味着噪声最大。根据行波振动理论进行研究，计算结果见图 6-27 和表 6-13。

表 6-13 行波振动分析计算结果

频率/Hz	圆锯片振型				
	(1, 12)	(2, 9)	(3, 1)	(3, 2)	(3, 3)
$P(m, n)$	1215.2	1189.4	968.53	988.28	1021.1
P_b	909.2	959.9	943.03	937.28	944.6
$\Delta(P_b - P)$	8.8	41.9	25.03	19.28	26.6
$\delta/\%$	1.0	4.6	2.8	2.1	2.9

由表 6-13 可见，$\Delta_{min} = 8.8Hz$，$\delta_{min} = 1.0\%$，极易引起圆锯片行波共振，造成剧烈振动，引起过大的噪声。

运用 ANSYS 软件分析不同种类圆锯片，并在与第 6.4 节相同工况条件下，结合行波振动理论对不同种类夹层圆锯进行分析。

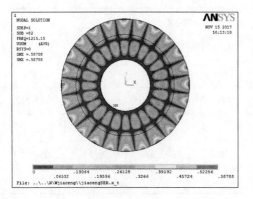

(a)

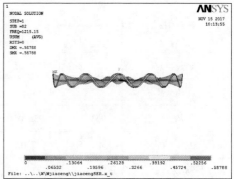

(b)

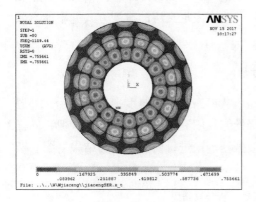

(c)

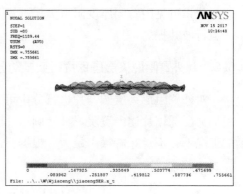

(d)

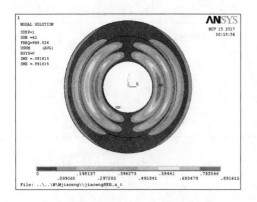

(e)

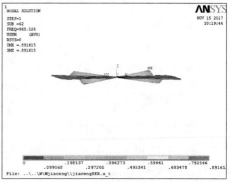

(f)

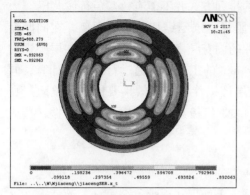
(g)

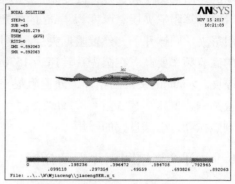
(h)

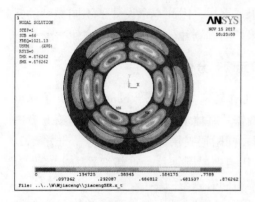
(i)

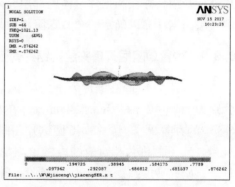
(j)

图 6-27 外置阻尼夹层圆锯片振动模态图
(a), (b) 圆锯片 (1, 12) 模态；(c), (d) 圆锯片 (2, 9) 模态；
(e), (f) 圆锯片 (3, 1) 模态；(g), (h) 圆锯片 (3, 2) 模态；
(i), (j) 圆锯片 (3, 3) 模态

研究了内置单阻尼夹层圆锯片振动特性。研究表明，不同厚度阻尼夹层对圆锯片振动特性的影响，阻尼夹层厚度越大，圆锯片的固有频率越低。在圆锯片转速为 1530r/min 的工况下，通过行波振动理论计算，相比其他内置单阻尼夹层圆锯片，阻尼夹层厚度为 4mm 的内置单阻尼夹层圆锯片的 Δ_{min} 与 δ_{min} 最大，则值引起行波共振强度较弱，其 $\Delta_{min} = 26.64\text{Hz}$，$\delta_{min} = 2.9\%$。

对内置多阻尼夹层圆锯片进行振动特性研究，经过有限元计算，可知改变阻尼夹层的安装排列方式，两种圆锯片的固有频率相近，不能有效降低圆锯片的固有频率。在圆锯片转速为 1530r/min 的工况下，通过行波振动计算，两种内置多阻尼夹层圆锯片的 Δ、δ 值大约相等，且 $\delta < 5\%$，极易引起行波共振，内置同厚

度的多阻尼夹层圆锯片，改变阻尼夹层的排列方式并不能有效避免行波共振。

计算阻尼夹层总厚度为 4mm 的外置阻尼夹层圆锯片的固有频率，在同厚度阻尼夹层圆锯片下，外置阻尼夹层圆锯片的固有频率要比内置单阻尼夹层圆锯片的固有频率要高。在圆锯片转速为 1530r/min 的工况下，通过行波振动计算，同厚度为 4mm 的夹层圆锯片，外置阻尼夹层圆锯片的降噪效果要比内置单阻尼夹层圆锯片要差，其 $\Delta_{min} = 8.8Hz$，$\delta_{min} = 1.0\%$，极易引起圆锯片行波共振，造成剧烈振动，引起过大的噪声。

6.9 开槽夹层圆锯片振动分析

在对圆锯片进行减振降噪研究时，除考虑圆锯片的降噪效果外，还要充分考虑圆锯片的刚度以及制造成本等问题。在满足圆锯片刚度条件的情况下，对圆锯片进行开槽，并在圆锯片基体内部填充阻尼夹层，因此本章设计了不同类型的开槽夹层圆锯片，以确定一个减振降噪效果好的圆锯片。

6.9.1 内置单阻尼开槽夹层圆锯片有限元模态分析

以直径 914mm 圆锯片为研究对象，工作转速为 1530 转/min。阻尼夹层厚度分别为 1mm、2mm、3mm、4mm，并在圆锯片基体上开槽，开槽方案与第 6 章图 6-8 中的方案 2、3、4、5、6 圆锯片相同，同阻尼夹层厚度的圆锯片，与方案 2、3、4、5、6 圆锯片相对应的内置单阻尼开槽夹层圆锯片，重新编号为 1、2、3、4、5，研究夹层圆锯片和夹层圆锯片开槽对固有频率的影响。

利用 SolidWorks 建模，内置单阻尼开槽夹层圆锯片 1 的三维结构示意如图 6-28 所示。

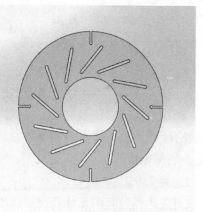
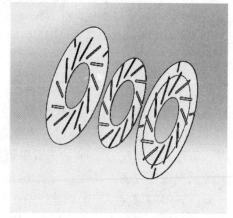

(a)   (b)

图 6-28 内置单阻尼开槽夹层圆锯片的平面图（a）和爆炸图（b）

内置单阻尼开槽夹层圆锯片 1 的有限元计算模型如图 6-29 所示。

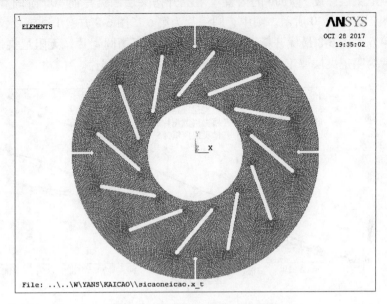

图 6-29　圆锯片的有限元计算模型

用 ANSYS 软件分别计算不同阻尼夹层厚度的内置单阻尼开槽夹层圆锯片前 100 阶固有频率和固有模态，计算结果如下：

（1）阻尼夹层厚度 1mm 的内置单阻尼开槽夹层圆锯片，其部分固有频率见表 6-14。

表 6-14　圆锯片的固有频率　　　　　　　　　　　　（Hz）

阶数	开槽夹层圆锯片编号				
	1	2	3	4	5
1	33. 346	34. 683	34. 781	34. 734	34. 767
10	184. 61	178. 44	174. 43	169. 67	161. 69
19	267. 78	265. 33	263. 53	260. 32	256. 15
28	415. 42	393. 73	381. 70	375. 09	351. 42
37	490. 29	474. 20	472. 55	471. 08	468. 71
46	662. 37	684. 66	674. 93	680. 33	648. 04
55	731. 86	729. 32	723. 05	711. 86	699. 38
64	889. 74	846. 69	845. 34	826. 23	817. 94
73	988. 02	962. 78	929. 36	897. 63	882. 71
82	1218. 7	1159. 0	1143. 1	1111. 7	1084. 5
91	1291. 2	1271. 2	1256. 9	1265. 8	1208. 1
100	1436. 6	1442. 2	1409. 1	1426. 3	1351. 4

将阻尼夹层厚度为 1mm 的内置单阻尼开槽夹层圆锯片前 100 阶固有频率绘成柱形图，如图 6-30 所示。图中，圆锯片为第 6 章图 6-8 方案 1 圆锯片，开槽圆锯片为第 6 章图 6-8 最优开槽圆锯片（即方案 6 开槽圆锯片，无阻尼夹层），夹层圆锯片为阻尼夹层厚度为 1mm 的内置单阻尼夹层圆锯片。

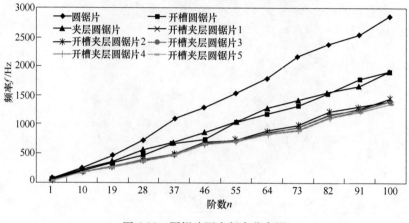

图 6-30　圆锯片固有频率分布图

（2）阻尼夹层厚度为 2mm 的内置单阻尼开槽夹层圆锯片，其部分固有频率见表 6-15 。

表 6-15　圆锯片的固有频率　　　　　　　　　　　　　　（Hz）

阶数	开槽夹层圆锯片编号				
	1	2	3	4	5
1	28. 477	29. 542	29. 641	29. 602	29. 783
10	165. 28	167. 76	167. 77	166. 77	159. 43
19	247. 45	242. 00	240. 71	237. 96	234. 95
28	374. 52	332. 04	331. 00	330. 66	330. 34
37	430. 15	415. 74	414. 20	411. 70	409. 83
46	550. 46	569. 58	570. 50	567. 96	568. 40
55	655. 26	648. 22	645. 62	630. 54	620. 99
64	790. 62	737. 84	737. 88	730. 43	726. 27
73	904. 89	875. 31	838. 31	820. 41	771. 72
82	1028. 9	1022. 7	1019. 4	989. 05	953. 26
91	1156. 5	1140. 5	1120. 5	1098. 2	1081. 1
100	1274. 8	1282. 0	1239. 3	1251. 8	1195. 4

将阻尼夹层厚度为 2mm 的内置单阻尼开槽夹层圆锯片前 100 阶固有频率绘成柱形图，如图 6-31 所示，夹层圆锯片为阻尼夹层厚度为 2mm 的内置单阻尼夹层圆锯片。

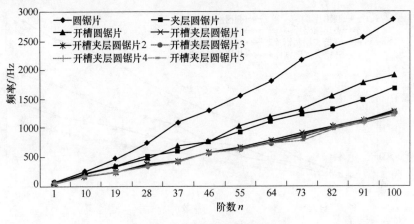

图 6-31　圆锯片固有频率分布图

（3）阻尼夹层厚度 3mm 的内置单阻尼开槽夹层圆锯片，其部分固有频率见表 6-16。

表 6-16　圆锯片的固有频率　　　　　　　　　　　　（Hz）

阶数	开槽夹层圆锯片编号				
	1	2	3	4	5
1	23.100	23.821	23.920	23.832	24.037
10	147.80	149.91	150.10	148.65	148.33
19	227.92	209.23	208.76	206.74	206.23
28	296.99	270.21	269.62	268.99	269.28
37	356.70	348.48	347.35	343.39	342.96
46	459.95	461.46	460.01	445.30	446.60
55	589.70	574.65	568.99	552.17	541.05
64	638.53	618.65	618.51	616.82	615.58
73	772.12	762.03	744.58	754.74	693.99
82	842.26	833.62	821.74	800.86	795.71
91	978.38	962.39	957.57	939.59	913.95
100	1097.1	1107.5	1091.5	1069.4	1041.0

　　将阻尼夹层厚度为 3mm 的内置单阻尼开槽夹层圆锯片前 100 阶固有频率绘成柱形图，如图 6-32 所示，夹层圆锯片为阻尼夹层厚度为 3mm 的内置单阻尼夹层圆锯片。

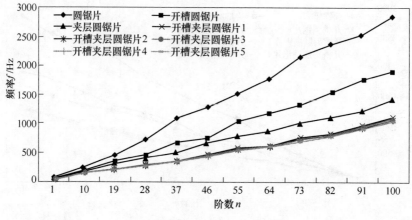

图 6-32　圆锯片固有频率分布图

　　（4）阻尼夹层厚度为 4mm 的内置单阻尼开槽夹层圆锯片，其部分固有频率见表 6-17。

表 6-17　圆锯片的固有频率　　　　　　　　　　（Hz）

阶数	开槽夹层圆锯片编号				
	1	2	3	4	5
1	17.595	18.170	18.351	18.226	18.565
10	129.57	130.44	131.03	128.98	129.67
19	177.79	167.81	170.46	168.61	172.60
28	247.36	245.53	245.26	238.29	229.71
37	293.91	287.08	284.94	277.63	276.84
46	391.09	383.42	383.67	371.54	368.16
55	459.43	436.67	441.01	435.43	446.19
64	494.95	474.43	480.02	475.81	484.29
73	583.23	575.58	573.44	569.10	582.53
82	706.64	698.12	700.32	672.01	659.18
91	738.06	726.96	739.68	732.76	749.53
100	875.63	854.75	862.40	854.64	864.32

将阻尼夹层厚度为 4mm 的内置单阻尼开槽夹层圆锯片前 100 阶固有频率绘成柱形图，如图 6-33 所示，夹层圆锯片为夹层厚度为 4mm 夹层圆锯片。

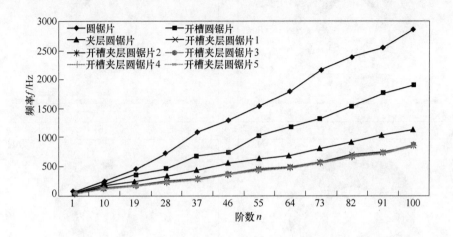

图 6-33　圆锯片固有频率分布图

根据以上图表可知：

（1）对于同一阻尼夹层厚度的夹层圆锯片，在基体上开槽可进一步降低圆锯片固有频率。

（2）对于同一阻尼夹层厚度的内置单阻尼开槽夹层圆锯片，改变圆锯片的开槽方式对圆锯片的固有频率影响不大。

（3）相较于开槽圆锯片、其他夹层圆锯片和开槽夹层圆锯片，阻尼夹层厚度为 4mm 的内置单阻尼开槽夹层圆锯片其固有频率最低，并在高阶数的固有频率明显低于 1000Hz。

现分析阻尼夹层厚度为 4mm 的内置单阻尼开槽夹层圆锯片中圆锯片 5 的模态振型，如图 6-34 所示，图 6-34（a）（c）为锯片振型。图 6-34（b）（d）为对应振型的锯片基体内阻尼夹层模态图。

图 6-34 中，开槽夹层圆锯片振动模态的产生，是由于当圆锯片在对工件加工锯齿撞击工件时，圆锯片受到谐扰弯曲振荡并使圆锯片产生振动及噪声，振荡波环绕圆锯片从而形成环状波。

在圆锯片基体外圆周开径向槽，同时在圆锯片基体内部开环状尾向槽，这些径向槽和尾向槽能抑制和隔断环状振波的传播，可降低圆锯片对工件进行锯削时产生的振动。并且，在阻尼夹层的作用下，开槽夹层圆锯片可明显降低锯片的振动，从而达到减振降噪的效果。

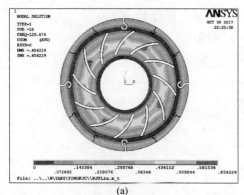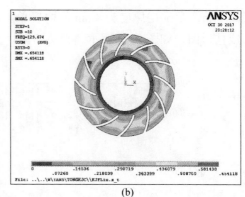

(a)　　　　　　　　　　　　　　　　(b)

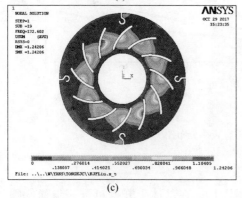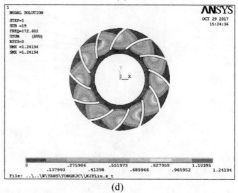

(c)　　　　　　　　　　　　　　　　(d)

图 6-34　圆锯片 5 模态图

（a）圆锯片 5（1，0）模态锯片振型；（b）圆锯片 5（1，0）模态对应振型的锯片基体内阻尼夹层模态图；
（c）圆锯片 5（0，0）模态锯片振型；（d）圆锯片 5（0，0）模态对应振型的锯片基体内阻尼夹层模态图

6.9.2　外置阻尼开槽夹层圆锯片有限元模态分析

以直径 914mm 圆锯片为研究对象，工作转速为 1530r/min。阻尼夹层厚度均为 2mm，总厚度为 4mm，并在圆锯片基体上开槽。

利用 SolidWorks 建模，外置阻尼开槽夹层圆锯片的三维结构示意如图 6-35 所示。

外置阻尼开槽夹层圆锯片有限元计算模型如图 6-36 所示。

用 ANSYS 计算圆锯片的前 100 阶频率，将部分固有频率列于表 6-18。

表 6-18　圆锯片的固有频率

阶数	1	10	19	28	37	46
频率/Hz	14.298	113.79	211.85	283.69	368.21	487.12
阶数	55	64	73	82	91	100
频率/Hz	571.66	679.69	716.20	893.23	974.77	1138.4

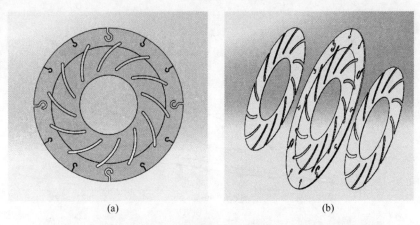

(a)　　　　　　　　　　　　(b)

图 6-35　外置阻尼开槽夹层圆锯片的平面图（a）和爆炸图（b）

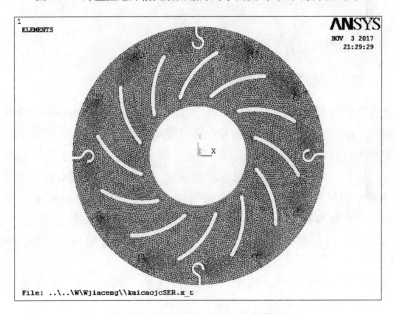

图 6-36　圆锯片的有限元计算模型

为便于分析不同阻尼夹层的安装排列方式对开槽夹层圆锯片固有频率的影响，将圆锯片前 100 阶固有频率绘成折线图，如图 6-37 所示。图 6-37 中圆锯片为图 6-8 方案 1 圆锯片，开槽圆锯片为图 6-8 方案 6 圆锯片（无夹层），开槽夹层圆锯片为两片外置阻尼夹层总厚度为 4mm 的开槽夹层圆锯片。

由以上图表可知，外置阻尼开槽夹层圆锯片可有效降低圆锯片的固有频率。

同厚度阻尼、同开槽圆锯片，改变阻尼夹层安装排列方式，外置阻尼开槽夹层圆锯片比内置单阻尼开槽夹层圆锯片的固有频率要高。

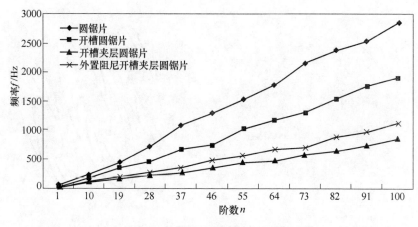

图 6-37 圆锯片固有频率分布图

6.10 开槽夹层圆锯片行波振动分析

6.10.1 内置单阻尼开槽夹层圆锯片行波振动分析

开槽夹层圆锯片锯齿齿数为 36，圆锯片工作转速为 1530r/min，锯齿通过频率为 918Hz。对不同阻尼夹层厚度的夹层圆锯片进行模态分析，可知夹层厚度越大，圆锯片固有频率越低，相对噪声越低。而同阻尼夹层厚度的开槽夹层圆锯片，改变开槽方式对开槽夹层圆锯片的固有频率影响不大。现对阻尼夹层厚度为 4mm 的内置单阻尼开槽夹层圆锯片中圆锯片 5 进行行波振动分析。

开槽夹层圆锯片在 37 阶以后无规则模态振型图，现提取几种典型模态图，如图 6-38 所示。图 6-38(a)(c)(e) 为锯片振型，图 6-38(b)(d)(f) 为对应锯片振型的夹层模态图。

圆锯片锯齿齿数为 36，圆锯片工作转速为 1530r/min，锯齿通过频率为 918Hz，对开槽夹层圆锯片进行行波振动分析计算。

基于行波振动理论，当引起圆锯片行波共振时，可推得：

$$\frac{\omega}{60} \times 36 = P(m,n) \pm n \cdot \frac{\omega}{60} \tag{6-4}$$

式中，ω 为锯轴转速 r/min；$P(m,n)$ 为对应于 m 个节圆、n 个节直径的振型模态固有频率。

分别对以上三种模态进行计算，计算过程如下：

(1) 圆锯片 5 (1，1) 模态，$P(1,1) = 139.47$Hz。

引起后行波共振时，计算得 $\omega_1 = 226$r/min；

引起前行波共振时，计算得 $\omega_2 = 239$r/min。

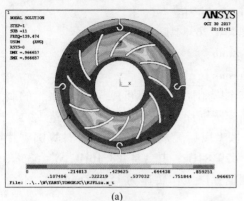
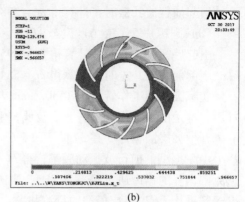

(a)　　　　　　　　　　　　　　　　　(b)

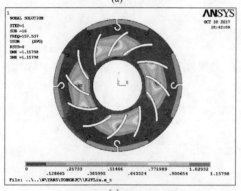
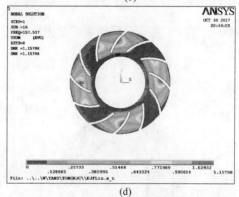

(c)　　　　　　　　　　　　　　　　　(d)

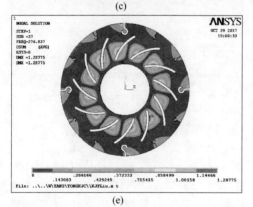
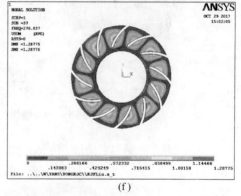

(e)　　　　　　　　　　　　　　　　　(f)

图 6-38　内置单阻尼开槽夹层圆锯片模态图

圆锯片 5（1，1）模态的锯片振型（a）和对应锯片振型的夹层模态（b）；

圆锯片 5（1，2）模态的锯片振型（c）和对应锯片振型的夹层模态（d）；

圆锯片 5（1，6）模态的锯片振型（e）和对应锯片振型的夹层模态（f）

（2）圆锯片 5（1，2）模态，$P(1，2) = 157.54\text{Hz}$。

引起后行波共振时，计算得 $\omega_3 = 249\text{r/min}$；

引起前行波共振时，计算得 $\omega_4 = 278\text{r/min}$。

（3）圆锯片 5（1，6）模态，$P(1，6) = 276.84\text{Hz}$。

引起后行波共振时，计算得 $\omega_5 = 395\text{r/min}$；

引起前行波共振时，计算得 $\omega_6 = 554\text{r/min}$。

实际圆锯片工作转速为 1530r/min，当锯轴刚开始转动时，可听到短暂的刺耳声，这是由于圆锯片初转速比较低，引起圆锯片某个模态的行波共振造成的。

开槽夹层圆锯片 5 在 37 阶 $P(1，6)$ 振型以后无规则模态振型，计算圆锯片 $P(1，6)$ 振型的前行波振动频率，得 $P_f = 429.84\text{Hz}$，其 $\Delta = 488.16\text{Hz}$、$\delta = 53\%$，远离圆锯片的锯齿通过频率 918Hz，当圆锯片以工作转速为 1530r/min 时，不会引起圆锯片 $P(2，6)$ 振型的行波共振。

6.10.2　外置阻尼开槽夹层圆锯片行波振动分析

外置阻尼开槽夹层圆锯片在 37 阶以后无规则模态振型，提取第 37 阶模态图，如图 6-39 所示。

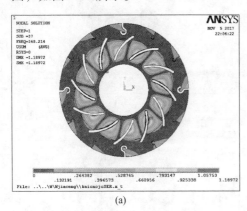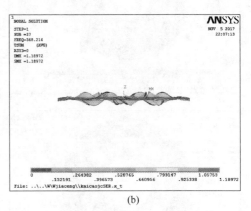

图 6-39　圆锯片（1，6）模态图

计算圆锯片第 37 阶 $P(1，6)$ 振型的前行波振动频率，其中 $P(1，6) = 368.21\text{Hz}$，得 $P_f = 521.21\text{Hz}$，$\Delta = 396.79$，$\delta = 43\%$，远离圆锯片的锯齿通过频率 918Hz，当圆锯片以工作转速为 1530r/min 时，不会引起圆锯片 $P(1，6)$ 振型的行波共振。

利用 ANSYS 软件计算内置阻尼夹层的开槽圆锯片的固有频率及固有模态，内置阻尼夹层的开槽圆锯片可有效降低圆锯片的固有频率。

观察模态振型图，对夹层圆锯片进行开槽，在圆锯片基体上开尾向槽和径向槽可抑制和阻断环状振波的传播，减轻圆锯片在对工件进行锯削时产生振动。并在夹层阻尼的双重作用下，可明显的降低圆锯片的固有频率。

对内置阻尼夹层厚度为 4mm 的开槽夹层圆锯片进行行波振动分析，通过计算解释了圆锯片在刚开始转动时，引起短暂刺耳噪声的原因。对振型为 $P(1，6)$ 进行了行波计算，在 1530r/min 的工况下，$\Delta = 488.16Hz$ 、$\delta = 53\% > 5\%$，不会引起行波共振。

对外置阻尼夹层总厚度为 4mm 的开槽夹层圆锯片进行了固有频率计算，对于同厚度阻尼夹层圆锯片，外置阻尼夹层比内置阻尼夹层的开槽夹层圆锯片固有频率高。对振型为 $P(1，6)$ 进行了行波计算，在 1530r/min 的工况下，$\Delta = 396.79$，$\delta = 43\% > 5\%$，不会引起行波共振。与外置阻尼夹层总厚度为 4mm 的开槽夹层圆锯片相比 δ 值小，为更好地避免引起行波共振，优选内置阻尼夹层的开槽夹层圆锯片。

7 圆锯片非线性振动分析

对薄圆锯片（厚度与半径比值小的圆锯片）进行线性振动分析的时候，因为不能研究薄圆锯片的大位移小应变的几何非线性问题，所以必须研究薄圆锯片的非线性振动问题，基于非线性振动理论的组合谐波振动，进行薄圆锯片的谐波振动分析（主共振点附近的组合谐波振动、和差型组合谐波振动、超和差型组合谐波振动），分析没有开槽、开槽、夹层阻尼、开槽而且夹层阻尼情况下的直径914mm圆锯片的组合谐波振动。

7.1 在主共振点附近产生的组合谐波振动

7.1.1 运动方程式

卡门运动方程式：

$$\begin{cases} \rho h \dfrac{\partial^2 w}{\partial t^2} + c \dfrac{\partial w}{\partial t} + D \nabla^4 w + \dfrac{1}{2}\rho h \omega^2 \left(r^2 \nabla^2 w + 2r \dfrac{\partial w}{\partial r} \right) - N(w, F) = q \\[4mm] \nabla^4 F - 2(1 - \nu)\rho h \omega^2 = -\dfrac{1}{2}EhN(w, F) \end{cases} \tag{7-1}$$

其中：

$$D = \frac{Eh^3}{12(1 - \nu^2)}$$

$$N(w, F) = \frac{\partial^2 w}{\partial r^2}\left(\frac{1}{r}\frac{\partial F}{\partial r} + \frac{1}{r^2}\frac{\partial^2 F}{\partial \theta^2} \right) + \frac{\partial^2 F}{\partial r^2}\left(\frac{1}{r}\frac{\partial w}{\partial r} + \frac{1}{r^2}\frac{\partial^2 w}{\partial \theta^2} \right) - $$

$$2\frac{\partial}{\partial r}\left(\frac{1}{r}\frac{\partial w}{\partial \theta} \right) \cdot \frac{\partial}{\partial r}\left(\frac{1}{r}\frac{\partial F}{\partial \theta} \right)$$

式中，E 为弹性模量；ρ 为密度；ν 为泊松比；F 为计算面内的应力的应函数；q 为垂直于圆板的外力。

采用比例因子表示为

$$\begin{cases} r' = \dfrac{r}{a}, \ x = \dfrac{b}{a}, \ t' = \dfrac{t}{a^2\sqrt{\rho h/D}} \\[4mm] c' = -\dfrac{a^2}{\sqrt{\rho h/D}}c, \ \omega' = \omega a^2\sqrt{\rho h/D}, \ F' = \dfrac{F}{D} \\[4mm] w' = \dfrac{w}{h}\sqrt{12(1 - \nu^2)}, \ q' = \dfrac{qa^4}{Dh}\sqrt{12(1 - \nu^2)} \end{cases} \tag{7-2}$$

代入式 (7-1)，省略符号 $'$ 得

$$\begin{cases} \dfrac{\partial^2 w}{\partial t^2} + c\dfrac{\partial w}{\partial t} + \nabla^4 w + \dfrac{1}{2}\omega^2\left(r^2\,\nabla^2 w + 2r\,\dfrac{\partial w}{\partial r}\right) - N(w,F) = q \\[3mm] \nabla^4 F - 2(1-\nu)\omega^2 = -\dfrac{1}{2}N(w,w) \end{cases} \tag{7-3}$$

旋转圆板内圆周（$r = x$）固定，外圆周（$r = l$）自由。由边界条件（$r = x$）得

$$\begin{cases} w = 0,\dfrac{\partial w}{\partial r} = 0 \\[3mm] \dfrac{\partial^2 F}{\partial r^2} - \dfrac{\nu}{r}\dfrac{\partial F}{\partial r} - \dfrac{\nu}{r^2}\dfrac{\partial^2 F}{\partial \theta^2} - \dfrac{1}{2}(1-\nu^2)\omega^2 r^2 = 0 \\[3mm] \dfrac{\partial^3 F}{\partial r^3} + \dfrac{1}{r}\dfrac{\partial^2 F}{\partial r^2} - \dfrac{1}{r^2}\dfrac{\partial F}{\partial r} + \dfrac{2+\nu}{r^2}\dfrac{\partial^3 F}{\partial r\partial\theta^2} - \dfrac{3+\nu}{r^3}\dfrac{\partial^2 F}{\partial \theta^2} - (1+\nu)r\omega^2 = 0 \end{cases} \tag{7-4}$$

由边界条件（$r = l$）得

$$\begin{cases} \dfrac{\partial^2 w}{\partial r^2} + \dfrac{\nu}{r}\dfrac{\partial w}{\partial r} + \dfrac{v}{r^2}\dfrac{\partial w}{\partial \theta^2} = 0 \\[3mm] \dfrac{\partial}{\partial r}(\nabla^2 w) + \dfrac{1-\nu}{r}\dfrac{\partial}{\partial r}\left(\dfrac{1}{r}\dfrac{\partial^2 w}{\partial \theta^2}\right) = 0 \\[3mm] \dfrac{1}{r}\dfrac{\partial F}{\partial r} + \dfrac{1}{r^2}\dfrac{\partial^2 F}{\partial \theta^2} - \dfrac{1}{2}r^2\omega^2 = 0 \\[3mm] \dfrac{1}{r^2}\dfrac{\partial F}{\partial \theta} - \dfrac{1}{r}\dfrac{\partial^2 F}{\partial r\partial\theta} = 0 \end{cases} \tag{7-5}$$

把应力函数 F 写成和离心力有关应力函数 G，和外力有关的应力函数 H，得

$$F = G + H \tag{7-6}$$

为了求和离心力有关的函数 G，设式（7-3）第 2 式为 $N(w,w) = 0$，用 G 替换 F，得

$$\nabla^4 G - 2(1-\nu)\omega^2 = 0 \tag{7-7}$$

由于是离心力造成应力函数 G 是轴对称的，考虑边界条件求得

$$G = \omega^2\left(\dfrac{1-\nu}{32}r^4 + \dfrac{1}{16}c_1 r^2 + \dfrac{1}{8}c_2\log r\right) \tag{7-8}$$

其中：

$$c_1 = \dfrac{(1+\nu)(3+\nu) + (1-\nu^2)x^4}{(1+\nu) + (1-\nu)x^2}$$

$$c_2 = \dfrac{(1-\nu)(3+\nu)x^2 - (1-\nu^2)x^4}{(1+\nu) + (1-\nu)x^2}$$

将式（7-8）代入式（7-6），结果代入式（7-3）得到关于 w 和 H 方程式：

$$\begin{cases} \dfrac{\partial^2 w}{\partial t^2} + c \dfrac{\partial w}{\partial t} + \nabla^4 w - \omega^2 L(w) - N(w,H) = q \\ \nabla^4 H = -\dfrac{1}{2} N(w,w) \end{cases} \tag{7-9}$$

其中：

$$L(w) = \frac{1}{8r} \frac{\partial}{\partial r} \left\{ -\left[(3+\nu)r^3 + c_1 r + \frac{c_2}{r} \right] \frac{\partial w}{\partial r} \right\} + \frac{1}{8} \left[-(1+3\nu) + \frac{c_1}{r^2} - \frac{c_2}{r^4} \right] \frac{\partial^2 w}{\partial \theta^2}$$

7.1.2 推导模态方程式

把式（7-9）的解设为

$$w(r, \theta, t) = \sum_{m=-\infty}^{\infty} \sum_{n=1}^{\infty} X_{mn}(t) \Phi_{mn}(r) e^{im\theta} \tag{7-10}$$

在这里 $\Phi_{mn}(r)$ 为线性系统的模态函数；Φ_{mn} 为 m 节直径，（$n-1$）个节圆振动模态的半径方向的模态；X_{mn} 为含有 w 振动模态大小，是未知量。

经过一系列推导，得

$$\ddot{X}_{mn} + c \dot{X}_{mn} + p_{mn}^2 + \sum_{i,j,k=-\infty}^{\infty} \sum_{i',j',k'=-\infty}^{\infty} \varepsilon_{mnii'jj'kk'} X_{ii'} X_{jj'} X_{kk'} = Q_{mn} \tag{7-11}$$

其中：

$$Q_{mn} = \frac{1}{2\pi} \int_0^{2\pi} \int_k^1 q(r, \theta, t) \Phi_{mn}(r) e^{-im\theta} r \mathrm{d}r \mathrm{d}\theta$$

在下一步计算时取前三项。

作用于圆板上的外力表示为

$$q(r, \theta, t) = \delta(r - r_0) \delta(\theta + \omega t) \left[\frac{1}{2} q_1 (e^{i\Omega t} + e^{-i\Omega t}) + \frac{1}{2} q_2 (e^{i\omega t} + e^{-i\omega t}) \right] \tag{7-12}$$

式中，δ 为 δ 函数；q_1 为简谐外力；q_2 为和回转同步的振幅。

外力激振力频率 Ω 等于后行波频率，即

$$\Omega = p_b(= p_{mn} - m\omega) \tag{7-13}$$

把式（7-13）改写为

$$\Omega + 2m\omega = p_f(= p_{mn} + m\omega) \tag{7-14}$$

外力激振力频率 Ω 等于前行波频率，即

$$\Omega = p_f(p_{mn} + m\omega) \tag{7-15}$$

把式（7-15）改写为

$$\Omega - 2m\omega = p_b(= p_{mn} - m\omega) \tag{7-16}$$

一般对于固有频率为 p 的非线性振动系统，在激振力频率 Ω_1 的第一频率激振力和激振力频率 Ω_2 的第二频率激振力联合作用下，满足式（7-17）条件时有

可能出现组合谐波振动。

$$j\Omega_1 + k\Omega_2 = lp \quad (j, k, l \text{ 为整数}) \tag{7-17}$$

特别是非线性项，用 N 次多项式表达出来

$$|j| + |k| + |l| \leqslant N + 1 \tag{7-18}$$

满足式 (7-18) 条件时会发生组合谐波振动。$j = 1$，$l = 1$，$k = 2$。在式 (7-11) 的情况下，$N = 3$，只局限于 $m = 1$ 的情况。

外力激振力频率 Ω 等于 1 个节直径模态对应后行波振动频率：

$$\Omega = p_{11} - \omega \tag{7-19}$$

经过推导，得到在主共振点的响应，即

$$w = \Phi_{11}[R\cos(\Omega t + \phi - \gamma)] + S\cos[(\Omega + 2\omega)t - \phi - \delta] +$$
$$P_0\cos(\Omega t - \phi) + P_1\cos(\omega t + \phi) - P_2\cos(\omega t - \phi) \tag{7-20}$$

式中，R 为对应于后行波振动频率的振幅；S 为对应于后行波振动频率的振幅。R 由外力直接激励起振幅，S 由非线性耦合造成的组合谐波振动的振幅。

当激振力频率等于前行波频率，不仅出现前行波振动，同时也出现后行波报振动：

$$\Omega = p_{11} + \omega \tag{7-21}$$

7.1.3 圆锯片在主共振点附近产生的组合谐波振动

以上理论适用于旋转的薄圆板，现考虑应用于工作转动的圆锯片。圆锯片在旋转过程中，考虑锯齿的影响，此时圆锯片的锯齿通过频率即为激振力频率。

当锯齿通过频率等于前行波振动频率或者后行波振动频率，即

$$P = P_f \quad \text{或} \quad P = P_d$$

此时，可同时激起前行波与后行波共振。

7.1.3.1 普通圆锯片

以第 6 章图 6-8 方案 1 圆锯片为例进行计算，提取圆锯片的振型，如图 7-1 所示，

令锯齿通过频率为 $P = 1360\text{Hz}$，此时圆锯片转速为 1360r/min。计算圆锯片 (2, 3) 的前、后行波振动频率分别为 $P_f = 1362.2\text{Hz}$、$P_b = 1262.2\text{Hz}$，锯齿通过频率接近于前行波振动频率，引起圆锯片的前行波共振。通过在主共振点附近产生的组合谐波振动理论计算，可同时激起圆锯片 (2, 3) 模态的后行波共振。

令锯齿通过频率为 $P = 1912.4\text{Hz}$，此时圆锯片转速为 1912r/min。计算圆锯片 (2, 8) 的前、后行波振动频率分别为 $P_f = 2422.5\text{Hz}$、$P_b = 1912.7\text{Hz}$，锯齿通过频率接近于后行波振动频率，引起圆锯片的后行波共振。通过在主共振点附近产生的组合谐波振动理论计算，可同时激起圆锯片 (2, 8) 模态的前行波振动共振。

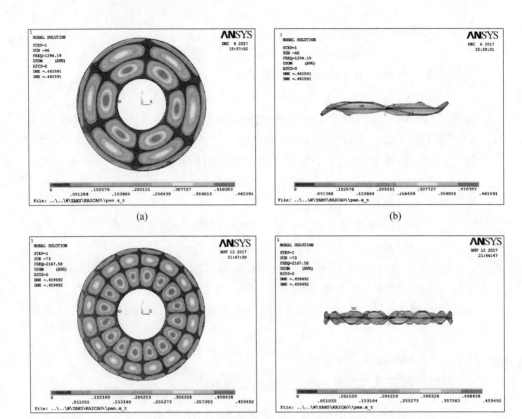

图 7-1　方案 1 圆锯片模态图

$(P(2,3) = 1294.2\text{Hz},\ P(2,8) = 2167.6\text{Hz})$

(a)，(b) 圆锯片 (2，3) 模态；(c)，(d) 圆锯片 (2，8) 模态

在主共振点附近引起的组合谐波振动理论，适用于旋转的普通圆锯片。

7.1.3.2　夹层圆锯片

以第 6 章无开槽的阻尼夹层厚度为 1mm 的内置单阻尼夹层圆锯片为例，对夹层圆锯片进行计算，提取圆锯片的振型，如图 7-2 所示。图 7-2 (a) (c) 为锯片振型，图 7-2 (b) (d) 为夹层阻尼振型。

圆锯片的转速为 2480r/min 时，此时，锯齿通过频率为 1488Hz。计算圆锯片 (0，11) 模态的前行、后波振动频率分别为 P_f = 1488.0Hz，P_d = 578.6Hz，锯齿通过频率等于前行波振动频率，可引起圆锯片的前行波共振。通过在主共振点附近产生的组合谐波振动理论计算，可同时激起圆锯片 (0，11) 模态的后行波振动共振。

圆锯片的转速为 1260r/min 时，此时，锯齿通过频率为 756Hz。计算圆锯片 (1，9) 模态的前行、后波振动频率分别为 P_f = 1135.66Hz，P_d = 757.66Hz，锯齿

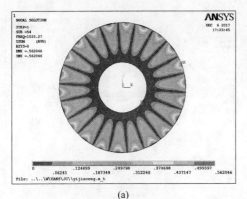
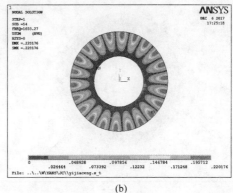

(a)　　　　　　　　　　　　　　　　(b)

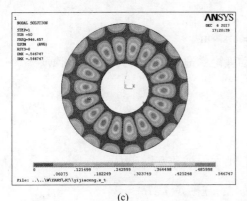
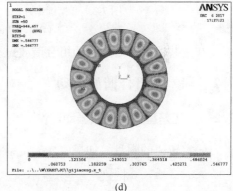

(c)　　　　　　　　　　　　　　　　(d)

图 7-2　夹层圆锯片模态图

（ $P(0, 11)$ = 1033. 3Hz， $P(1, 9)$ = 946. 66Hz）

圆锯片（2，3）模态的锯片振型（a）和夹层阻尼振型（b）；

圆锯片（2，8）模态的锯片振型（c）和夹层阻尼振型（d）

通过频率近似等于后行波振动频率，可引起圆锯片的后行波共振。通过在主共振点附近产生的组合谐波振动理论计算，可同时激起圆锯片（1，9）模态的前行波振动共振。

在主共振点附近引起的组合谐波振动理论，适用于旋转的夹层圆锯片。

7.1.3.3　开槽圆锯片

以第 6 章方案 6 圆锯片为例，对开槽圆锯片进行计算，提取圆锯片的振型，如图 7-3 所示。

令圆锯片的转速为 1350r/min，此时，锯齿通过频率为 810Hz。计算圆锯片（1，6）模态前、后行波振动频率分别为 P_f = 813. 99Hz、 P_d = 543. 00Hz，锯齿通过频率接近于圆锯片的前行波振动频率，可激起圆锯片前行波共振。通过在主共振点附近产生的组合谐波振动理论计算，可同时激起圆锯片（1，6）模态的后行波振动共振。

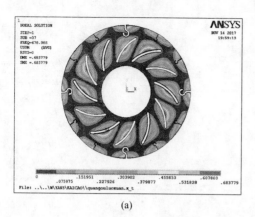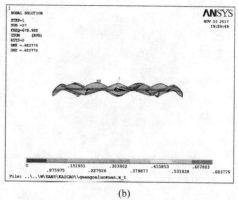

(a)   (b)

图 7-3 开槽圆锯片 (1, 6) 模态图 (a) 和 (b)

($P(1, 6)$ = 678.99Hz)

在主共振点附近引起的组合谐波振动理论，适用于旋转的开槽圆圆锯片。

7.2 和差型组合谐波振动

7.2.1 和差型组合谐波振动理论

一定转速的圆盘，如果引入无量纲，则卡门远动方程式为：

$$\begin{cases} \dfrac{\partial^2 w}{\partial t^2} + c\,\dfrac{\partial w}{\partial t} + \nabla^4 w - \omega^2 L(w) - N(w,H) = q \\ \nabla^4 H = -\dfrac{1}{2}N(w,w) \end{cases} \tag{7-22}$$

其中：

$$L(w) = \frac{1}{8r}\frac{\partial}{\partial r}\left[-(3+\nu)r^3 + c_1 r + \frac{c_2}{r}\right] + \frac{1}{8}\left[-(1+3\nu) + \frac{c_1}{r^2} - \frac{c_2}{r^4}\right]\frac{\partial^2 w}{\partial \theta^2}$$

$$c_1 = \frac{(1+\nu)(3+\nu) + (1-\nu^2)x^4}{(1+v) + (1-\nu)x^2}$$

$$c_2 = \frac{(1-\nu)(3+\nu)x^2 - (1-\nu^2)x^4}{(1+\nu) + (1-\nu)x^2}$$

$$N(w,H) = \frac{\partial^2 w}{\partial r^2}\left(\frac{1}{r}\frac{\partial H}{\partial r} + \frac{1}{r^2}\frac{\partial^2 H}{\partial \theta^2}\right) + \frac{\partial^2 H}{\partial r^2}\left(\frac{1}{r}\frac{\partial w}{\partial r} + \frac{1}{r^2}\frac{\partial^2 w}{\partial \theta^2}\right) - 2\frac{\partial}{\partial r}\left(\frac{1}{\partial}\frac{\partial w}{\partial r}\right)\frac{\partial}{\partial r}\left(\frac{1}{\partial}\frac{\partial H}{\partial \theta}\right)$$

式中，H 为由于圆板大变形引起的应力函数。

q 作用于圆板上的外力：

$$q(r, \theta, t) = \delta(r - r_0)\delta(\theta + \omega t)\left[q_1\cos(\Omega t) + \sum_{k=0}^{2} u_k\cos(k\omega t)\right] \tag{7-23}$$

式中，q_1 为简谐外力振幅。

现在，激振力频率等于前行波和后行波振动频率和，即

$$\Omega = p_{\rm f} + p_{\rm b} \tag{7-24}$$

对多自由度非线性振动系统，激振力的频率等于两个固有频率的和：

$$\omega_1 + \omega_2 = \Omega \tag{7-25}$$

即发生和差型谐波振动。

将式（7-24）改写为

$$\Omega/2 + m\omega = p_{\rm f}, \quad \Omega/2 - m\omega = p_{\rm b} \tag{7-26}$$

对应于 1 个节直径模态，Ω 等于 $2p_{11}$，造成的强迫振动响应为

$$u' = \Phi_{11}\left\{R\cos\left[\left(\frac{1}{2}\Omega - \omega\right)t + \phi - \gamma\right]\right\} + S\cos\left[\left(\frac{1}{2}\Omega + \omega\right)t - \phi - \delta\right] +$$

$$P_{11}\cos(\Omega t + \phi) + P_{12}\cos(\Omega t - \phi) + \sum_{k=0}^{2} D_{k1}\cos(k\omega t + \phi) \tag{7-27}$$

式中，R 为后行波振动振幅；S 为前行波振动振幅。

激振力频率等于前行波与后行波振动频率之和时，同时激起前、后行波共振。

7.2.2　圆锯片的和差型组合谐波振动

当锯齿通过频率等于前行波振动频率与后行波振动频率之和，即

$$P = P_{\rm f} + P_{\rm d}$$

此时，可同时激起前行波与后行波共振。

7.2.2.1　圆锯片

以第 6 章图 6-8 中的方案 1 圆锯片为例，对进行普通圆锯片计算，提取锯片的振型，如图 7-4 所示。

当圆锯片的转速为 3360r/min 时，此时，锯齿通过频率为 3360Hz。计算圆锯片（0，14）模态的前、后行波振动频率分别为 $P_{\rm f} = 2462.6$Hz、$P_{\rm b} = 894.6$Hz，前、后行波振动频率之和等于 3357.2Hz，近似等于锯齿通过频率。通过和差型组合谐波振动理论计算，可同时激起圆锯片（0，14）模态的前行波振动共振。

当圆锯片的转速为 1820r/min 时，此时锯齿通过频率为 1820Hz。计算圆锯片（1，6）模态的前、后行波振动频率分别为 $P_{\rm f} = 1093.56$Hz、$P_{\rm b} = 729.56$Hz，前、后行波振动频率之和等于 1823.12Hz，近似等于锯齿通过频率。通过和差型组合谐波振动理论计算，可同时激起圆锯片（1，6）模态的前行波振动共振。

和差型组合谐波振动理论，适用于旋转的圆锯片。

7.2.2.2　夹层圆锯片

以第 6 章无开槽的内置阻尼夹层厚度为 1mm 的内置单阻尼夹层圆锯片为例，对夹层圆锯片进行计算，提取圆锯片的振型，如图 7-5 所示。图 7-5（a）（c）为锯片振型，图 7-5（b）（d）为夹层阻尼振型。

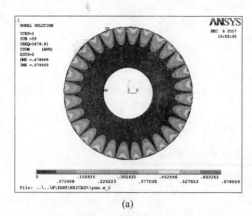

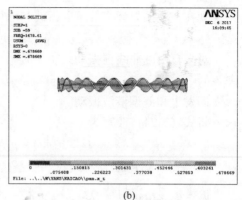

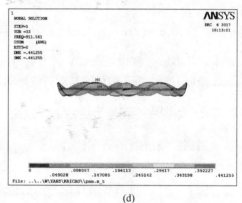

图 7-4 方案 1 圆锯片模态图

$(P(0, 14) = 1678.6\text{Hz}, P(1, 6) = 911.56\text{Hz})$

（a），（b）圆锯片（0，14）模态；（c），（d）圆锯片（1，6）模态

当圆锯片的转速为 2870r/min 时，此时，锯齿通过频率为 1722Hz。计算圆锯片（1，10）模态的前、后行波振动频率分别为 $P_f = 1338.6\text{Hz}$、$P_b = 381.95\text{Hz}$，前、后行波振动频率之和等于 1720.55Hz，近似等于锯齿通过频率。通过在和差型组合谐波振动理论计算，可同时激起圆锯片（0，10）模态的前行波振动共振。

当圆锯片的转速为 2380r/min 时，此时，锯齿通过频率为 1428Hz。计算圆锯片（2，3）模态的前、后行波振动频率分别为 $P_f = 835.90\text{Hz}$、$P_b = 597.90\text{Hz}$，前、后行波振动频率之和等于 1433.8Hz，近似等于锯齿通过频率。通过在和差型组合谐波振动理论计算，可同时激起圆锯片（2，3）模态的前行波振动共振。和差型组合谐波振动理论，适用于旋转的夹层圆锯片。

7.2.2.3 开槽圆锯片

以第 6 章方案 6 圆锯片为例，对开槽圆锯片进行计算，提取圆锯片的振型，如图 7-6 所示。

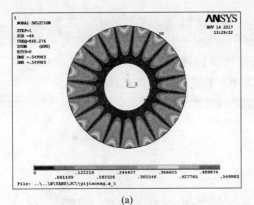 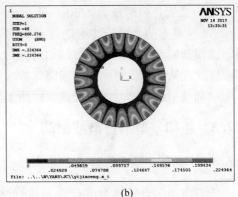

(a)　　　　　　　　　　　　　(b)

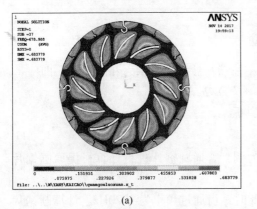 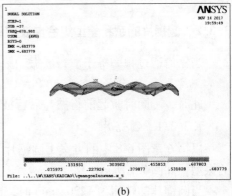

(c)　　　　　　　　　　　　　(d)

图 7-5　夹层圆锯片模态图

$(P(0, 10) = 860.28\text{Hz}, P(2, 3) = 716.90\text{Hz})$

圆锯片（0，10）模态的锯片振型（a）和夹层阻尼振型（b）；

圆锯片（2，3）模态的锯片振型（c）和夹层阻尼振型（d）

(a)　　　　　　　　　　　　　(b)

图 7-6　开槽圆锯片（1，6）模态图

$(P(1, 6) = 678.99\text{Hz})$

令圆锯片的转速为 2260r/min，此时，锯齿通过频率为 1356Hz。计算圆锯片（1，6）模态前、后行波振动频率分别为 $P_f = 904.99$Hz、$P_d = 452.99$Hz，前、后行波振动频率之和等于 1358.0Hz，近似等于锯齿通过频率。通过和差型组合谐波振动理论计算，可同时激起圆锯片（1，6）模态的前行波振动共振。

和差型组合谐波振动理论，适用于旋转的开槽圆锯片。

7.3　超和差型组合谐波振动

7.3.1　超和差型组合谐波振动理论

考虑激振力频率为前行波和后行波振动频率和的一半，激起系统的振动响应，即

$$\Omega = (p_f + p_b)/2 \tag{7-28}$$

多自由非线性振动系统，外力激振力频率介于后行波和前行波之间，是二者的平均值。

$$\omega_1 + \omega_2 = 2\Omega \tag{7-29}$$

激起满足式（7-29）的超和差型谐波振动。

把式（7-28）改写为

$$\Omega + m\omega = p_f, \quad \Omega - m\omega = p_b \tag{7-30}$$

对应于 1 个节直径模态，Ω 等于 p_{11}，造成的强迫振动响应为

$$w = \Phi_{11}\{R\cos[(\Omega - \omega)t + \phi - \gamma]\} + S\cos[(\Omega + \omega)t - \phi - \delta] + P_{11}\cos(\Omega t + \phi) +$$

$$P_{12}\cos(\Omega t - \phi) + \sum_{k=0}^{2} D_{k1}\cos(k\omega t + \phi) + \sum_{k=0}^{2} D_{k2}\cos(k\omega t - \phi) \tag{7-31}$$

式中，R 为后行波振动振幅；S 为前行波振动振幅。

激振力频率为前行波和后行波振动频率和的一半时，同时激起前、后行波振动。

7.3.2　圆锯片的超和差型组合谐波振动

当锯齿通过频率等于前行波振动频率与后行波振动频率之和的一半，即

$$P = (P_f + P_d)/2$$

此时，可同时激起前行波与后行波共振。

7.3.2.1　圆锯片

以第 6 章图 6-8 中的方案 1 圆锯片为例，普通圆锯片进行计算，提取圆锯片的振型，如图 7-7 所示。

当圆锯片的转速为 1220r/min 时，此时锯齿通过频率为 1220Hz。计算圆锯片（2，2）模态的前、后行波振动频率分别为 $P_f = 1260.8$Hz、$P_b = 1179.4$Hz，前、后行波振动频率之和的一半等于 1220.1Hz，近似等于锯齿通过频率。通过超和

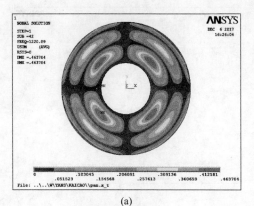 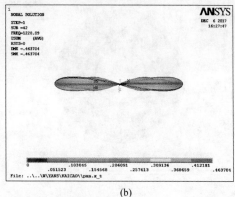

(a)　　　　　　　　　　　　(b)

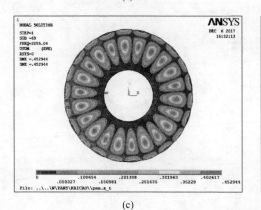 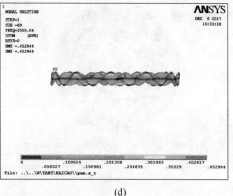

(c)　　　　　　　　　　　　(d)

图 7-7　方案 1 圆锯片模态图

（$P(2, 2) = 1220.1$Hz，$P(1, 11) = 2055.0$Hz）

（a），（b）圆锯片（2，2）模态；（c），（d）圆锯片（1，11）模态

差型组合谐波振动理论计算，可同时激起圆锯片（2，2）模态的前行波振动共振。

当圆锯片的转速为 2055r/min 时，此时，锯齿通过频率为 2055Hz。计算圆锯片（1，11）模态的前、后行波振动频率分别为 $P_f = 2431.8$Hz、$P_b = 1678.2$Hz，前、后行波振动频率之和的一半等于 2055Hz，等于锯齿通过频率。通过超和差型组合谐波振动理论计算，可同时激起圆锯片（1，11）模态的前行波振动共振。

超和差型组合谐波振动理论，适用于旋转的普通圆锯片。

7.3.2.2　夹层圆锯片

以第 6 章阻尼夹层厚度为 1mm 的内置单阻尼夹层圆锯片为例，对夹层圆锯片进行计算，提取圆锯片的振型，如图 7-8 所示。图 7-8（a）（c）为锯片振型，图 7-8（b）（d）为夹层阻尼振型。

当圆锯片的转速为 2130r/min 时，此时锯齿通过频率为 1278Hz。计算圆锯片

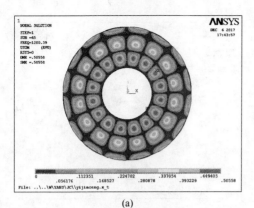 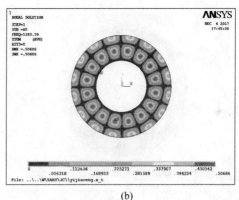

(a)   (b)

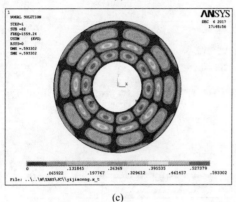 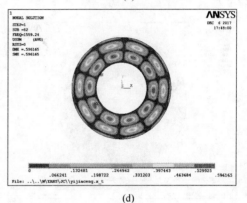

(c)   (d)

图 7-8 夹层圆锯片模态图

($P(2, 8) = 1280.4$Hz，$P(3, 5) = 1559.2$Hz)

（a），（b）圆锯片（2，8）模态；（c），（d）圆锯片（3，5）模态

（2，8）模态的前行波振动频率 $P_f = 1564.4$Hz、后行波振动频率 $P_b = 996.4$Hz，前、后行波振动频率之和的一半等于 1280.4Hz，近似等于锯齿通过频率。通过超和差型组合谐波振动理论计算，可同时激起圆锯片（2，8）模态的前行波与后行波共振。

当圆锯片的转速为 2600r/min 时，此时锯齿通过频率为 1560Hz。计算圆锯片（3，5）模态的前、后行波振动频率分别为 $P_f = 1775.9$Hz、$P_b = 1342.5$Hz，前、后行波振动频率之和的一半等于 1559.2Hz，近似等于锯齿通过频率。通过超和差型组合谐波振动理论计算，可同时激起圆锯片（3，5）模态的前行波与后行波共振。

超和差型组合谐波振动理论，适用于旋转的夹层圆锯片。

7.3.2.3 开槽圆锯片

以第6章方案6圆锯片为例，对开槽圆锯片进行计算，提取圆锯片的振型，如图7-9所示。

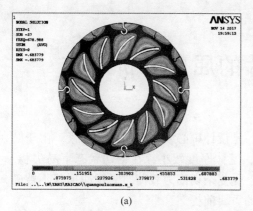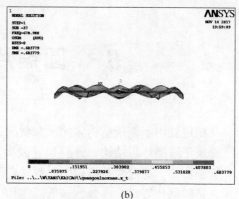

(a)　　　　　　　　　　　　　　(b)

图 7-9　开槽圆锯片 (1, 6) 模态图

(P(1, 6) = 678.99Hz)

令圆锯片的转速为 1130r/min，此时，锯齿通过频率为 678Hz。计算圆锯片 (1, 6) 模态前、后行波振动频率分别为 P_f = 791.99Hz、P_d = 565.99Hz，前、后行波振动频率之和的一半等于 678.99Hz，近似等于锯齿通过频率。通过超和差型组合谐波振动理论计算，可同时激起圆锯片 (1, 6) 模态的前、后行波振动共振。

超和差型组合谐波振动理论，适用于旋转的开槽圆锯片。

7.4　小结

在主共振点附近引起的组合谐波振动理论、和差型组合谐波振动理论、超和差型组合谐波振动理论适用于旋转的圆盘，此时的激振力为外力。

工作旋转时的圆锯片，由于锯齿的影响，激振力频率即为锯齿通过频率，不需要施加外激振力。结合行波共振理论，经过计算，三个组合谐波振动理论可适应于工作旋转的圆锯片、夹层圆锯片和开槽圆锯片。对圆锯片模态分析中，只计算了 100 阶以内固有频率，未能一一对各种圆锯片进行计算。开槽夹层圆锯片，在圆锯片基体上开槽，圆锯片在模态振型为 (1, 6) 之后，无规则振型，因此以上三个组合谐波振动理论对于开槽夹层圆锯片的分析还有待研究。

8 圆锯片的屈曲分析

稳定性用于衡量结构体的承载状况，是设计中必须考虑的一个因素。由于圆锯片属于薄圆环板结构，外径尺寸较大，基体厚度较小，在锯切状态下易失稳。对于圆锯片，稳定性是指切削材料状态下受复杂切削力载荷时，锯面形状不被破坏，是圆锯片安全、高效、高质量工作的重要前提。

屈曲分析用于研究结构体的稳定性，即承受载情况下圆锯片失稳时候的临界载荷。ANSYS 软件的屈曲分析包括线性、非线性屈曲分析。本章基于 ANSYS 软件的屈曲分析功能，对圆锯片进行屈曲分析，并分析辊压方式和加肋方式对圆锯片稳定性的影响。

8.1 圆锯片屈曲分析理论

8.1.1 圆锯片切削力

圆锯片属于薄圆环板，基体厚度远小于外径尺寸，研究其稳定性有较大意义。圆锯片在工作状态下受切削力复杂，其受力示图如图 8-1 所示。FC 为圆锯片锯切材料时受到的总切削力，可在水平方向和垂直方向分解成 F_H 和 F_V，也可在圆锯片切向和径向上分解成 F_T 和 F_N。

圆锯片高速旋转工作中，复杂切削力会破坏锯面的平面形状，使锯面弯曲，影响切割效果，使圆锯片失效，丧失锯切功能，造成圆锯片失稳。高速旋转运动产生的离心力、锯切摩擦产生的热应力都会加剧失稳。圆锯片加载了某个载荷，保持其平面形状不发生弯曲达到极限状态，此时对应载荷就是屈曲值。根据圆锯片的工作特点，锯切时径向受力大，因此研究圆锯片径向方向的屈曲值，对提高其承载能力有重要意义。

8.1.2 圆锯片屈曲微分方程

圆锯片可以视为圆环板结构，令周边的单元长度上受压为 P_r，则屈曲微分方程为：

$$D\left(\frac{\partial}{\partial r^2} + \frac{1}{r}\frac{\partial}{\partial r} + \frac{1}{r^2}\frac{\partial^2}{\partial \theta^2}\right)^2 w + P_r\left(\frac{\partial^2 w}{\partial r^2} + \frac{1}{r}\frac{\partial w}{\partial r} + \frac{1}{r^2}\frac{\partial^2 w}{\partial \theta^2}\right) = 0 \qquad (8-1)$$

式中，D 为薄板的弯曲刚度，$D = \dfrac{Et^3}{12(1-\mu^2)}$；$w$ 为薄板的轴向变形。

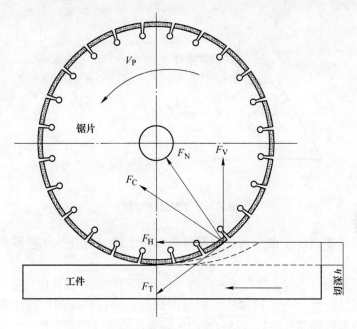

图 8-1 圆锯片切削力模型

式（8-1）的解为 n 阶贝塞尔函数，作为临界载荷的屈曲值 P_r 是所有解的最小值，实际生产中为避免圆锯片失稳，载荷必须小于临界载荷 P_r 值。

由于对圆锯片理论屈曲计算繁琐和有限元法屈曲计算优越性用 ANSYS 软件计算圆锯片的临界载荷。

8.1.3 屈曲分析的类型

用 ANSYS 软件进行圆锯片的屈曲分析，通过计算可以得到结构体失稳的值（临界载荷）和屈曲模态，其中屈曲模态是结构体在临界载荷下失稳时的变形形状。屈曲分析过程如图 8-2 所示。

8.1.3.1 特征值屈曲分析

特征值屈曲分析弹性结构稳定求解法，指的是结构体受载时，在原平衡态外变为另一个平衡态，在屈曲数学求解式中最后解决的是求解特征值问题。特征值屈曲分析步骤主要分为建模、静力学求解、特征值屈曲求解和查看结果，其不能解决非线性结构的屈曲问题，因此，通过该计算得到的屈曲值与实际有很大的误差，不能直接用于结构分析。该方法得到的临界载荷可作为载荷的最大值，在结构体加载过程中可作为参考。

8.1.3.2 非线性屈曲分析

结构的原始缺陷和非线性行为会使结构体本身不能达到理想的弹性屈曲强

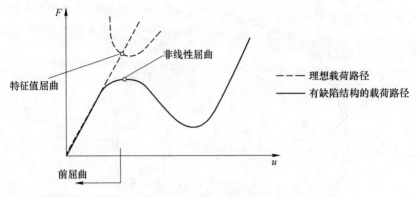

图 8-2 屈曲分析过程

度,这就需要非线性屈曲分析,根据加载过程中的非线性技术求解更准确的屈曲值。

特征值屈曲分析和非线性屈曲分析会得到不同的临界载荷值,前者计算较为粗略,后者计算更接近结构体实际失稳的载荷值。在实际的结构体稳定性分析中,需要将两种屈曲分析方法结合使用,以保证结构体的稳定性。

8.2 圆锯片的屈曲分析

8.2.1 圆锯片的特征值屈曲分析

以 ϕ305mm 圆锯片为例,该圆锯片结构参数为:外径 $D=305$mm,内径 $d=90$mm,厚度 $t=2$mm,齿高 8.5mm,锯齿数 $Z=80$。该圆锯片性能参数为:材料密度 7850kg/m³,弹性模量 210GPa,泊松比 0.3。采取 20node186 实体单元建立忽略锯齿的圆锯片模型,在圆锯片周边节点 1 处施单位载荷,在进行静力学分析基础之上进行特征值屈曲分析,加载示意如图 8-3 所示。

利用 ANSYS 对圆锯片进行特征值屈曲分析,得到线性屈曲值为 4636.3N,其位移如图 8-4 所示。

对该圆锯片进行线性屈曲分析,得到屈曲值是弹性结构体的理论失稳载荷,它是引起结构体失稳的最大值载荷,工程实际中的屈曲载荷要远小于这个值。为了更好地分析圆锯片的稳定性,需要对圆锯片进行非线性屈曲分析。

线性屈曲分析的结果可以作为非线性屈曲分析的初始扰动力,在渐进加载时非线性计算结果最终发散,所以提前对圆锯片进行特征值屈曲分析计算是非线性屈曲分析计算的基础。

8.2.2 圆锯片的非线性屈曲分析

非线性屈曲分析是在特征值屈曲分析计算后的结果上直接计算,不再进行重

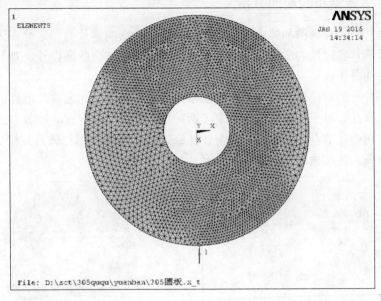

图 8-3 圆锯片模型加载图

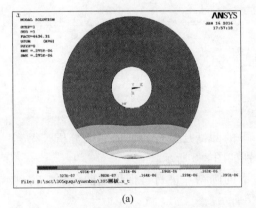
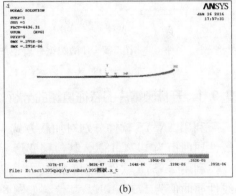

(a)   (b)

图 8-4 圆锯片的位移变形图

新建模等操作。以特征值屈曲分析得到的屈曲值 4636.3N 为初始扰动力，进行非线性屈曲计算。

非线性屈曲求解过程中，当迭代时间为 0.308s 时出现扩散，非线性屈曲分析的屈曲值为 1427.98N。

分析得非线性屈曲值比线性屈曲值数值上减小 69.2%，这表明圆锯片的实际屈曲值远小于传统的弹性屈曲计算值。非线性屈曲分析相较于线性屈曲分析更适合于结构的稳定分析。

8.3 开槽圆锯片的屈曲分析

圆锯片开有径向槽和纬向槽，圆锯片开槽后会影响锯片的稳定性，为了分析开槽对圆锯片稳定性的影响，选取了径向槽和纬向槽结合的圆锯片，对开槽圆锯片进行屈曲分析。

圆锯片开径向槽后，靠近径向槽的基体处最容易失稳，远离开槽处的基体不易失稳。因此，对于开槽圆锯片确定了两种单位载荷加载方式。加载方式1为在圆锯片径向槽处节点1处施单位载荷，加载方式2为在圆锯片远离开槽处节点2施单位载荷，各加载示意如图8-5所示。

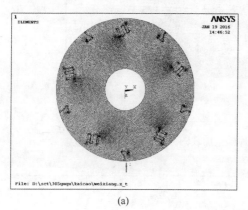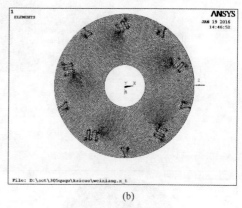

(a)　　　　　　　　　　　　　　(b)

图 8-5　开槽圆锯片模型加载方式 1（a）和方式 2（b）

8.3.1 开槽圆锯片的特征值屈曲分析

利用 ANSYS 软件分别对加载方式 1 下的圆锯片进行特征值屈曲分析，得到线性屈曲值为 1474.18N，其位移变形分别如图 8-6 所示。

利用 ANSYS 软件分别对加载方式 2 下的圆锯片进行特征值屈曲分析，得到线性屈曲值为 1735.10N，其位移如图 8-7 所示。

8.3.2 开槽圆锯片的非线性屈曲分析

以加载方式 1 的开槽圆锯片特征值屈曲分析，得到的屈曲值 1474.18N 为初始扰动力，对开槽圆锯片进行非线性屈曲计算。非线性屈曲求解过程中，当迭代时间为 0.475s 时出现扩散，非线性屈曲分析的屈曲值为 700.26N。

以加载方式 2 的开槽圆锯片特征值屈曲分析，得到的屈曲值 1735.10N 为初始扰动力，对开槽圆锯片进行非线性屈曲计算。非线性屈曲求解过程中，当迭代时间为 0.469s 时出现扩散，非线性屈曲分析的屈曲值为 813.76N。

利用 ANSYS 软件求解的圆锯片屈曲值（临界载荷）见表 8-1。数据表明，圆

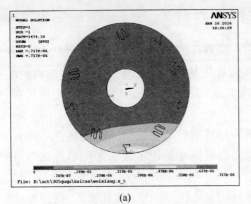 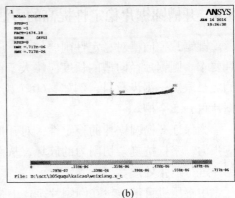

(a) (b)

图 8-6 开槽圆锯片加载方式 1 的位移变形图

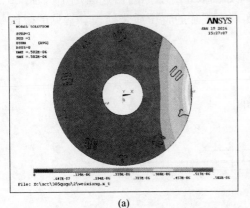 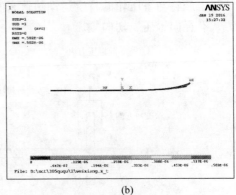

(a) (b)

图 8-7 开槽圆锯片加载方式 2 的位移变形图

锯片的非线性屈曲值比线性屈曲值更准确,非线性屈曲值更接近于圆锯片失稳的载荷值。为了实现圆锯片的减振降噪,开槽能够较大程度降低圆锯片的线性屈曲值和非线性屈曲值,从而影响圆锯片的稳定性。所以,在圆锯片的开槽设计中,要保证圆锯片的稳定性。

表 8-1 各圆锯片的屈曲值与变化率

种类	线性屈曲值/N	变化率/%	非线性屈曲值/N	变化率/%
圆锯片	4636.30	—	1472.98	—
开槽圆锯片（加载1）	1474.18	68.20	700.26	52.46
开槽圆锯片（加载2）	1735.10	62.58	813.76	44.75

8.4 开槽圆锯片稳定性提高的方法

圆锯片径向槽对稳定性削弱较大，应在圆锯片的开槽结构设计中严格遵循设计要求。圆锯片径向槽的长度应略大于圆锯片半径的1/6。同时，圆锯片径向槽的数目取决于锯齿数目，例如，60个锯齿的圆锯片可开4个槽，90个锯齿的圆锯片可开5个槽。

为保证开槽圆锯片的稳定性，对开槽圆锯片进行适张处理，使基体产生内预应张力，来抵抗复杂切削力的破坏，从而提高圆锯片的稳定性。采用辊压法对圆锯片进行适张处理。

用辊压机自带压轮在圆锯片基体上强行压扁，使锯面产生预应力，保证整体圆锯片的稳定性。压轮材料常为具有高硬度的合金工具钢，能够使圆锯片基体产生预期设计的弹性变形。圆锯片辊压过程如图8-8所示。圆锯片固定于机轴上，通过上压轮与下压轮的特定运动轨迹来实现圆锯片的辊压适张处理。常见的辊压方式有径向辊压、切向辊压。

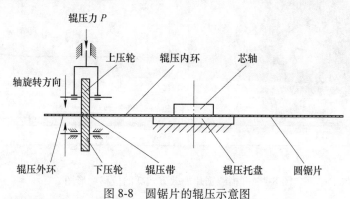

图 8-8　圆锯片的辊压示意图

对开槽圆锯片进行径向辊压和切向辊压处理，可提高开槽圆锯片失稳的临界载荷，保证了圆锯片稳定性。相对于圆锯片的径向辊压处理方式，切向辊压方式更可有效提高圆锯片的稳定性。同时，辊压适张处理能够提高圆锯片的刚度，在锯片振动时减小变形，抑制了振动幅值，有利于圆锯片的减振降噪。

8.5 小结

（1）对 ϕ305mm 开槽和未开槽木工圆锯片进行了屈曲计算，验证了非线性屈曲值更接近实际圆锯片失稳时的临界载荷值。

（2）为提高圆锯片的稳定性，采取了辊压方式的适张处理措施。

9 开槽带褶皱圆锯片振动特性分析

圆锯片的振动主要由沿着转轴的横向振动、径向振动和围着径向的扭转振动复合而成。由于圆锯片的薄而宽的特点，其横向振动集聚了圆锯片振动的主要能量。圆锯片的噪声主要是由圆锯片振动产生，为了降低噪声，就有必要控制圆锯片的振动。

在圆锯片基体上开槽，减小圆锯片振动和噪声，在圆锯片上辊压出褶皱（进行适张处理）可提高圆锯片的稳定性，因此，研究开槽且带褶皱圆锯片的行波振动，具有重要意义。

用 Workbench 软件分析开槽带褶皱圆锯片的固有频率和模态，分析开槽带褶皱圆锯片的行波振动。

9.1 开槽圆锯片模态分析

9.1.1 开槽圆锯片的模型

把圆锯片简化成圆环板模型，圆锯片的主要参数见表 9-1。

表 9-1 圆锯片的主要参数

基体直径 D/mm	夹盘直径 d/mm	厚度 T/mm	弹性模量 E/Pa	泊松比 ν	密度 ρ/kg·m^{-3}
180	40	1	2.06×10^{11}	0.3	7.8×10^{3}

建立直径为 180mm 的圆锯片模型，如图 9-1 所示。在直径为 180mm 的圆锯片的基体上，分别开 0、4、5、6、7、8 个沿着圆周方向均布的流线形径向槽，槽深度为 15mm。开槽数是 0，表示未开槽。

9.1.2 开槽圆锯片有限元模态分析

建立圆锯片开槽圆锯片的有限元模型，用 Workbench 软件计算了 6 种方案圆锯片前 50 有频率和固有模态，将圆锯片的固有频率列于表 9-2。

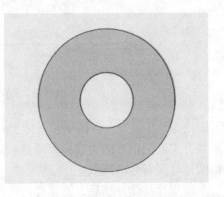

图 9-1 圆锯片模型示意图

表 9-2   圆锯片的固有频率   （Hz）

阶数	开槽个数					
	0	4	5	6	7	8
1	157.89	158.18	158.34	158.44	158.43	158.51
5	205.42	205.35	204.4	204.23	203.96	203.78
10	1021.4	995.48	986.06	981.76	976.02	970.37
15	1331.2	1316.6	1326.5	1326.4	1326.6	1306.6
20	1721.8	1712.4	1706.6	1727.8	1706.5	1706.3
25	2487.5	2384.9	2359.5	2356.5	2310.5	2283.6
30	3107.0	2993.1	2959.9	2929.2	2964.1	2897.7
35	3390.4	3389.5	3385.1	3361.8	3381.5	3338.3
40	3790.9	3783.2	3785.3	3787.4	3789.5	3791.5
45	4540.7	4452.1	4454.5	4508.8	4351.5	4287.2
50	5349.8	5108.2	4910.9	5001.3	4723.9	4910.4

　　为了研究开槽数对圆锯片固有频率的影响，将 6 种方案圆锯片前 50 阶固有频率绘成折线图，如图 9-2 所示。

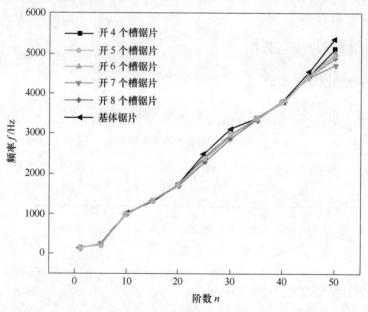

图 9-2   圆锯片固有频率分布图

　　由图 9-2 可知，在圆锯片基体上开槽以后，圆锯片固有频率降低，并且在高阶数方案 6 圆锯片的固有频率最低。圆锯片开槽以后，削弱了圆锯片的刚度，使得圆锯片固有频率降低。

　　圆锯片基体开槽后，圆锯片的模态振型会发生变化，选取第 11 阶的模态（1 个节圆，6 个节直径模态），如图 9-3 所示。

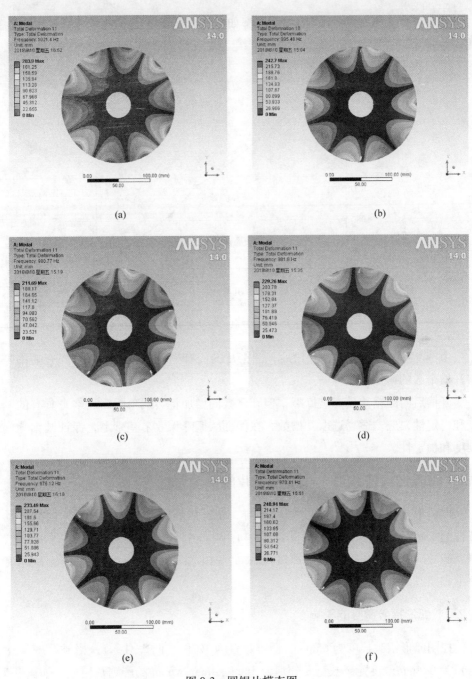

图 9-3　圆锯片模态图

（a）圆锯片基体（1021.4Hz）；（b）开 4 个槽的圆锯片（995.48Hz）；
（c）开 5 个槽的圆锯片（990.77Hz）；（d）开 6 个槽的圆锯片（981.8Hz）；
（e）开 7 个槽的圆锯片（976.12Hz）；（f）开 8 个槽的圆锯片（970.41Hz）

各种方案圆锯片的第 11 阶固有频率如图 9-4 所示。

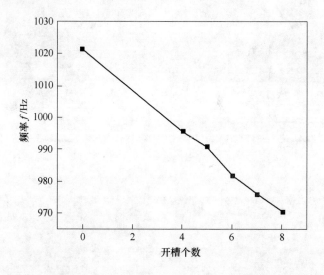

图 9-4 各方案圆锯片的第 11 阶固有频率

由图 9-4 可知，圆锯片开槽后，圆锯片的固有频率会有所降低。固有频率随着开槽个数的增加而减少。

开槽后的圆锯片模态被撕裂，但开槽数的增加将会减少圆锯片本身具有的刚度和稳定性，应该适当选取开槽数，在保证减振降噪效果基础上，保证圆锯片的刚度和稳定性。

9.2 带弧形（流线形）褶皱圆锯片的振动分析

以弧形（流线型）褶皱圆锯片为例，分析弧形褶皱参数对圆锯片固有振动特性的影响。控制褶皱起点距圆锯片中心 30mm、褶皱终点距离边缘 20mm 处，研究褶皱的宽度、长度、褶皱厚度（深度）和褶皱数对带褶皱对于圆锯片固有频率和模态的影响。

9.2.1 弧形褶皱宽度的影响

控制弧形褶皱长度为 65mm，褶皱数量为 10 个（两边对称），褶皱厚度（深度）为 0.4mm，设置褶皱宽度分别为 3mm、4mm、5mm 的圆锯片模型，如图 9-5 所示。

将模型导入到 Workbench 中进行模态分析，得出其前 50 阶固有频率，见表 9-3。

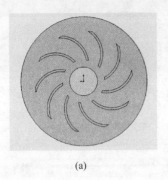
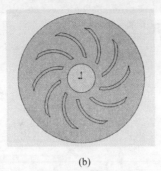
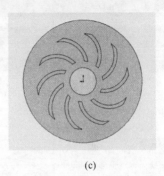

(a)　　　　　　　　　(b)　　　　　　　　(c)

图 9-5　不同褶皱宽度的圆锯片模型图

（a）褶皱宽度为 3mm；（b）褶皱宽度为 4mm；（c）褶皱宽度为 5mm

表 9-3　带褶皱圆锯片的固有频率　　　　　　　　　（Hz）

阶数	褶皱宽度/mm		
	3	4	5
1	171.57	174.92	177.82
5	230.91	238.29	244.88
10	1090	1114.5	1138.6
15	1432	1461.4	1487.4
20	1835.9	1866.9	1894.8
25	2585.6	2615.3	2643.9
30	3202.9	3229.2	3275
35	3638.5	3701.3	3750.7
40	3966.5	4034.4	4097.1
45	4833	4912	4981.5
50	5477.3	550.7	5528.5

　　为了方便分析，将表 9-3 绘制成折线图，如图 9-6 所示。

　　通过 Workbench 软件进行模态分析，图 9-6 为三种不同褶皱宽度在相同条件下的固有频率变化曲线。由图可知，固有频率在前 10 阶变化较小；在 10~30 阶时，圆锯片的褶皱宽度大，其固有频率略大；在 30~50 阶时，圆锯片的固有频率随着褶皱宽度的增加而增大。结果表明，褶皱宽度的变化对圆锯片的低阶的固有频率几乎没有影响，而对圆锯片高阶的固有频率有一定的影响。

9.2.2　弧形褶皱数量的影响

　　控制弧形褶皱长度为 65mm，褶皱宽度为 4mm，褶皱厚度（深度）为 0.4mm，设置褶皱数量 8、10、12 个（两边对称）的圆锯片模型如图 9-7 所示。

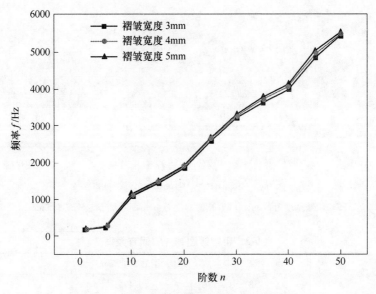

图 9-6 褶皱宽度不同时的固有频率曲线图

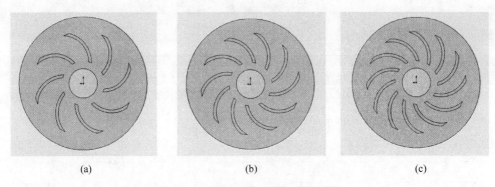

图 9-7 不同褶皱数的圆锯片模型图

（a）褶皱数为 8 个；（b）褶皱数为 10 个；（c）褶皱数为 12 个

用 Workbench 软件计算 3 种方案带褶皱圆锯片的前 50 阶固有频率，带褶皱圆锯片的固有频率见表 9-4。

表 9-4 不同褶皱数量的带褶皱锯的部分阶数的频率 （Hz）

阶数	褶皱数量/个		
	8	10	12
1	172.13	174.92	177.59
5	232.7	238.29	243.76
10	1102.6	1114.5	1140.6

阶数	褶皱数量/个		
	8	10	12
15	1437.4	1461.4	1483
20	1843.9	1866.9	1892
25	2583.8	2615.3	2643.4
30	3207.4	3229.2	3262.4
35	3639.4	3701.3	3738
40	4003.2	4034.4	4112.4
45	4795.8	4912	4966
50	5494.2	550.7	5529.7

为了分析褶皱数量对固有频率的影响，把表 9-4 中 3 种方案的固有频率绘制成折线图，如图 9-8 所示。

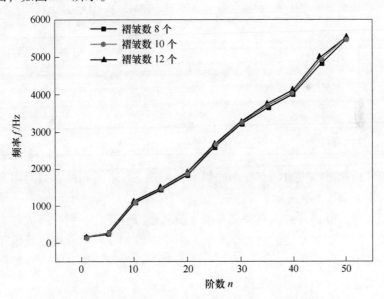

图 9-8 三种不同褶皱数量在相同条件下的固有频率变化曲线

由图 9-8 可知，固有频率在前 25 阶，变化可忽略；在 25～50 阶时，圆锯片的固有频率随着褶皱数量的增加而增大。结果表明，褶皱数量的变化对圆锯片的低阶的固有频率几乎很小，对圆锯片高阶的固有频率有一定的影响。

9.2.3 弧形褶皱厚度的影响

控制弧形（流线型）褶皱长度为 65mm，褶皱宽度为 4mm，褶皱数量 10 个

（两边对称），设置圆锯片的褶皱厚度为 0.2mm、0.3mm、0.4mm、0.5mm、0.6mm、1mm 的圆锯片。对其进行模态分析，得到带褶皱圆锯片的固有频率，见表 9-5。

表 9-5　不同褶皱厚度的褶皱圆锯片的部分阶数的固有频率　　（Hz）

阶数	褶皱厚度/mm					
	0.2	0.3	0.4	0.5	0.6	1
1	164.8	168.11	171.4	174.92	179.24	192.74
5	217.02	223.78	230.85	238.29	247.32	274.32
10	1054.6	1073.6	1093.7	1114.5	1141.7	1220.4
15	1380.8	1405.5	1431.9	1461.4	1500.4	1632
20	1783.5	1810.6	1837.9	1866.9	1905.9	2021.9
25	2538	2564.6	2590	2615.3	2655.1	2742.7
30	3160.4	3185.7	3207.7	3229.2	3306.7	3511.1
35	3513.6	3574.5	3634.7	3701.3	3801	4055.8
40	3866.2	3924.6	3980	4034.4	4126.7	4295
45	4701.6	4770.9	4838.2	4912	5038.1	5381.6
50	5428.9	5462.2	5462.2	5504.7	5566.3	5632.9

为了分析褶皱厚度对固有频率的影响，把表 9-5 中的 6 种方案的固有频率绘制成折线图，如图 9-9 所示。

由图可见，圆锯片的固有频率在前 5 阶几乎没有变化，但在高阶时，圆锯片的固有频率随着褶皱厚度的增加而增加。由于考虑到原料的节省以及圆锯片的噪声控制等因素，圆锯片的褶皱厚度应有所控制，这样既能增加圆锯片的刚度和稳定性，又能节约原料且不产生过大噪声。

9.2.4　褶皱体积的影响

控制弧形褶皱长度为 65mm，褶皱数量 10 个（两边对称），设置圆锯片的褶皱厚度为 0.3mm、褶皱宽度为 4mm 的圆锯片（方案 1）以及褶皱厚度为 0.4mm、褶皱宽度为 3mm 的圆锯片（方案 2）。对其进行模态分析得其固有频率，见表 9-6。

由表可知，当弧形褶皱条纹的体积相同时，其固有频率几乎一样，因此，当需要节约材料时，可适当减少圆锯片褶皱厚度。此分析可为实际工作提供参考。

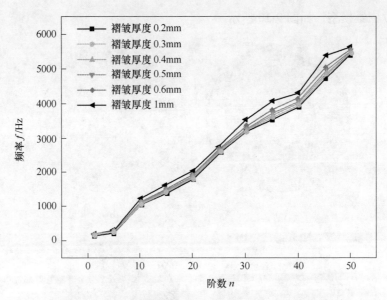

图 9-9 6 种不同褶皱厚度的圆锯片固有频率变化曲线

表 9-6 相同褶皱体积的圆锯片的固有频率 （Hz）

阶数	1	5	10	15	20	25
方案 1	168. 11	223. 78	1073. 6	1405. 5	1810. 6	2564. 6
方案 2	168. 51	224. 89	1074. 5	1408	1811. 2	2565. 9
阶数	30	35	40	45	50	
方案 1	3185. 7	3574. 5	3924. 6	4770. 9	5462. 2	
方案 2	3185. 4	3580. 5	3921. 3	4770. 3	5460. 5	

9.3 弧形褶皱且开槽圆锯片的振动分析

9.3.1 褶皱圆锯片的模态分析

褶皱圆锯片主体结构参数为：外径 180mm，夹盘直径 40mm，锯齿齿数 24 齿。4 种圆锯片的设计方案如下：

方案 1：设计基体厚度为 1.6mm 的圆锯片基体模型。

方案 2：设计基体厚度为 1.6mm 的圆锯片基体模型，且边缘开 5 个流线形的槽。

方案 3：设计基体厚度为 1mm、褶皱厚度为 0.3mm 的圆锯片基体模型。

方案 4：设计基体厚度为 1mm、褶皱厚度为 0.3mm 的圆锯片基体模型，且边缘开开 5 个流线形的槽。

建立三维模型，如图 9-10 所示。

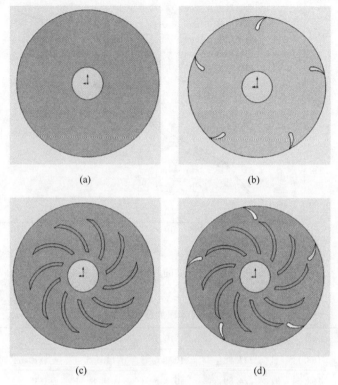

图 9-10 圆锯片模型示意图

（a）方案 1；（b）方案 2；（c）方案 3；（d）方案 4

9.3.2 有限元模态分析

将模型导入 Workbench 中进行模态分析。分析此四种方案的前 50 阶固有频率，见表 9-7。

表 9-7 圆锯片的固有频率 （Hz）

阶数	圆锯片编号			
	1	2	3	4
1	252.45	253.89	168.11	169.52
5	328.35	320.06	223.78	219.83
10	1631.1	1339	1073.6	878.44
15	2124.9	1902.8	1405.5	1245.4
20	2747.3	2324.1	1810.6	1496
25	3774.9	3246.8	2564.6	2103.4

阶数	圆锯片编号			
	1	2	3	4
30	4856.1	3712.3	3185.7	3003.5
35	5400.3	4866.6	3574.5	3170.7
40	6034.6	5418.7	3924.6	3633.6
45	7224.1	6158.7	4770.9	4050.2
50	8501.8	7257.4	5462.2	4759

由图 9-11 可知，在带褶皱圆锯片上开槽，降低了带褶皱圆锯片的固有频率；并且在高阶频率降低得越大，在低阶相对影响较小。

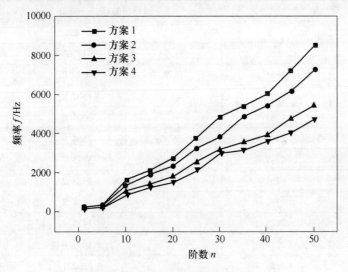

图 9-11　圆锯片固有频率折线图

9.3.3　带褶皱圆锯片行波振动理论

圆锯片在锯切时候，会出现行波共振现象，当激振力频率（锯齿通过频率）等于圆锯片的前行波频率时，或者锯齿通过频率等于后行波频率时，圆锯片会发生行波共振。

行波共振计算参考式（6-1）和式（6-2），锯齿通过频率参考式（6-3）。

圆锯片行波振动频率与激振力频率的差值以及差值和激振力频率的比值计算如下：

$$\Delta_1 = |\ P_b - P\ |\ ,\ \Delta_2 = |\ P_f - P\ | \tag{9-1}$$

$$\delta_1 = \Delta_1/P,\ \delta_2 = \Delta_2/P \tag{9-2}$$

比较 Δ 和 δ，分析圆锯片是否发生行波共振，为锯片的合理设计提供理论依据。

9.3.4 带褶皱圆锯片行波振动分析

基于行波共振理论，以图 9-10 中 4 种方案的圆锯片为研究对象，分析各方案圆锯片的行波振动。基于有限元分析计算得到的圆锯片的固有频率，计算出圆锯片的前行波、后行波，画出坎贝尔图。基于坎贝尔图，可为合理选择圆锯片的工作转速提供依据。提取各方案具有规则的节圆、节直径的振动模态的固有频率，计算结果见表 9-8。

表 9-8 带褶皱圆锯片的固有频率 （Hz）

有限元	圆锯片编号			
	1	2	3	4
$P(0, 4)$	1066.3	951.38	712.63	642.15
$P(0, 5)$	1631.1	1339	1080.8	878.44
$P(0, 6)$	2304.5		1507.8	
$P(0, 7)$	3083.2		2004.8	
$P(0, 8)$	3965.4		2564.6	
$P(0, 9)$	4949.8		3185.7	
$P(0, 10)$	7218		3878.2	
$P(0, 11)$	7219		4638.8	
$P(1, 2)$	2125.2		1405.7	
$P(1, 3)$	2746.9		1810.6	
$P(1, 4)$	3628.3		2392.1	
$P(1, 5)$	4710.2	4620.1	3101.3	
$P(1, 6)$	5943.2	6017.7	3924.3	3958.1
$P(1, 7)$	7303.3	7257.4	4829.8	
$P(2, 2)$	5401.1		3573.8	
$P(2, 3)$	6139.4	6158.7	4054.4	
$P(2, 4)$	7224.1		4770.9	

对比方案 2 和方案 1，以及方案 4 和方案 3，计算表明，开槽能够有效地撕裂带褶皱圆锯片的模态，以及减振降噪。

圆锯片转速为 3000r/min，圆锯片齿数为 24 齿，锯齿通过频率为 1200K（K 为系数，整数），对 4 种方案的圆锯片进行行波共振分析，计算结果见表 9-9 ~ 表 9-12。

表 9-9 方案 1 的前行波频率和后行波频率计算结果

(m, n)	$P(m, n)/Hz$	P/Hz	P_b/Hz	P_f/Hz	Δ_1、Δ_2/Hz	δ_1、$\delta_2/\%$
$(0, 4)$	1066.3	1200	866.3	1266.3	333.7、66.3	27.8083、5.525
$(0, 5)$	1631.1	1200	1381.1	1881.1	181.1、681.1	15.0917、56.758
$(0, 6)$	2304.5	2400	2004.5	2604.5	395.5、204.5	16.4792、8.5208
$(0, 7)$	3083.2	3600	2733.2	3433.2	866.8、166.8	24.0778、4.6333
$(0, 8)$	3965.4	3600	3565.4	4365.4	34.6、765.4	0.9611、21.2611
$(0, 9)$	4949.8	4800	4499.8	5399.8	300.2、599.8	6.2542、12.4958
$(0, 10)$	7218	7200	6718	7718	482、518	6.6944、7.1944
$(0, 11)$	7219	7200	6719	7719	481、519	6.6806、7.2083
$(1, 2)$	2125.2	2400	2025.2	2225.5	374.8、174.5	15.6167、7.2708
$(1, 3)$	2746.9	2400	2596.9	2896.9	196.9、496.9	8.2042、20.7042
$(1, 4)$	3628.3	3600	3428.3	3828.3	171.7、228.3	4.7694、6.3417
$(1, 5)$	4710.2	4800	4460.2	4960.2	339.8、160.2	7.0792、3.3375
$(1, 6)$	5943.2	6000	5643.2	6243.2	356.8、243.2	5.9467、4.0533
$(1, 7)$	7303.3	7200	6953.3	7653.3	246.7、453.3	3.4264、6.2958
$(2, 2)$	5401.1	4800	5301.1	5501.1	501.1、701.1	10.4396、14.6063
$(2, 3)$	6139.4	6000	5989.4	6289.4	10.6、289.4	0.1767、4.8233
$(2, 4)$	7224.1	7200	7024.1	7424.1	175.9、224.1	2.4431、3.1125

表 9-10 方案 2 的前行波频率和后行波频率计算结果

(m, n)	$P(m, n)/Hz$	P/Hz	P_b/Hz	P_f/Hz	Δ_1、Δ_2/Hz	δ_1、$\delta_2/\%$
$P(0, 4)$	951.38	1200	751.38	1151.38	448.62、48.62	37.385、4.0517
$P(0, 5)$	1339	1200	1089	1589	111、389	9.25、32.4167
$P(1, 5)$	4620.1	4800	4370.1	4870.1	429.9、70.1	8.9563、1.4604
$P(1, 6)$	6017.7	6000	5717.7	6317.7	282.3、317.7	4.705、5.295
$P(1, 7)$	7257.4	7200	6907.4	7607.4	292.6、407.4	4.0639、5.6583
$P(2, 3)$	6158.7	6000	6008.7	6308.7	8.7、308.7	0.145、5.145

表 9-11 方案 3 的行波计算结果

(m, n)	$P(m, n)/Hz$	P/Hz	P_b/Hz	P_f/Hz	Δ_1、Δ_2/Hz	δ_1、$\delta_2/\%$
$(0, 4)$	712.63	1200	512.63	912.63	687.37、287.37	57.28、23.95
$(0, 5)$	1080.8	1200	830.8	1330.8	369.2、130.8	30.78、10.9
$(0, 6)$	1507.8	1200	1207.8	1807.8	7.8、607.8	0.65、50.65

续表 9-11

(m, n)	$P(m, n)$ /Hz	P/Hz	P_b/Hz	P_f/Hz	Δ_1、Δ_2/Hz	δ_1、δ_2/%
(0, 7)	2004.8	2400	1654.8	2354.8	745.2、45.2	31.05、1.88
(0, 8)	2564.6	2400	2164.6	2964.6	235.4、564.6	9.80、23.53
(0, 9)	3185.7	3600	2735.7	3635.7	864.3、35.7	24.01、0.10
(0, 10)	3878.2	3600	3378.2	4378.2	221.8、778.2	6.16、21.62
(0, 11)	4638.8	4800	4088.8	5188.8	711.2、388.8	14.82、8.10
(1, 2)	1405.7	1200	1305.7	1505.7	105.7、305.7	8.81、25.48
(1, 3)	1810.6	2400	1660.6	1960.6	739.4、439.4	30.81、18.31
(1, 4)	2392.1	2400	2192.1	2592.1	207.9、192.1	8.67、8.00
(1, 5)	3101.3	3600	2851.3	3361.3	748.7、238.7	20.80、6.63
(1, 6)	3924.3	3600	3624.3	4224.3	24.3、624.3	0.68、7.91
(1, 7)	4829.8	4800	4479.8	5179.8	320.2、379.8	6.68、7.91
(2, 2)	3573.8	3600	3473.8	3673.8	126.2、73.8	3.51、2.05
(2, 3)	4054.4	3600	3904.4	4204.4	304.4、604.4	8.46、16.79
(2, 4)	4770.9	4800	4570.9	4970.9	229.1、170.9	4.77、3.56

表 9-12   方案 4 的行波计算结果

(m, n)	$P(m, n)$ /Hz	P/Hz	P_b/Hz	P_f/Hz	Δ_1、Δ_2/Hz	δ_1、δ_2/%
(0, 4)	642.15	1200	442.15	842.15	757.85、357.8	63.15、29.82
(0, 5)	878.44	1200	628.44	1128.44	571.6、71.56	47.63、5.96
(1, 6)	3958.1	3600	3658.1	4258.1	58.1、658.1	1.61、18.28

分别取 4 种方案圆锯片中，$\delta \leqslant 5\%$ 时对应的模态的数量统计结果见表 9-13。

表 9-13   能引起行波共振的模态图数量

圆锯片编号	1	2	3	4
数量	8	3	6	1

通过对比上述表中 4 种方案，计算出的行波振动频率与激振力频率的差值，以及分析差值和激振力频率的比值，可知：

（1）未开槽的圆锯片具有的有规则节圆及节直径的模态图的数量较多，也就是其临界转速较多，根据 Δ 和 δ，未开槽的圆锯片易激起前行波和后行波的共振。

（2）开槽带褶皱的圆锯片相较于没有开槽的带褶皱圆锯片，Δ 和 δ_{min} 相对较大，能够避开行波共振。

（3）由表 9-9~表 9-12 可见，四种方案圆锯片在（1，6）模态时，都具有较小的频率差值。

因此，提取各方案在（1，6）模态的典型模态图，如图 9-12 所示。

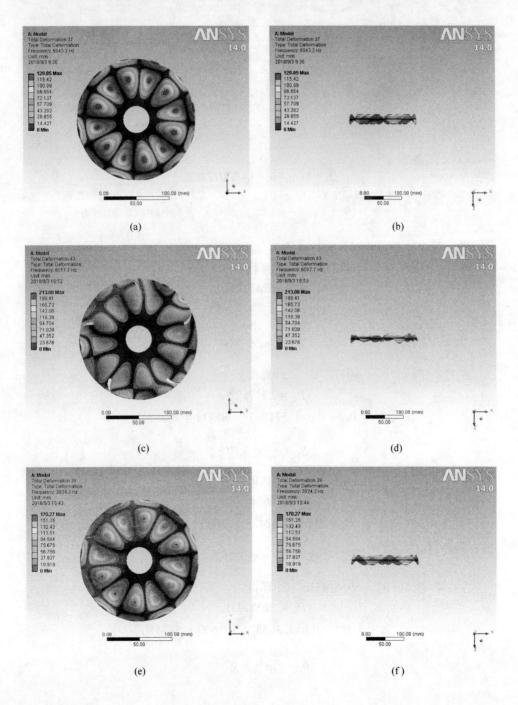

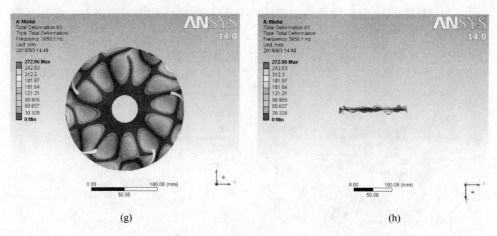

(g)   (h)

图 9-12 圆锯片的典型模态图

(a)，(b) 方案 1 圆锯片（1，6）模态；(c)，(d) 方案 2 圆锯片（1，6）模态；
(e)，(f) 方案 3 圆锯片（1，6）模态；(g)，(h) 方案 4 圆锯片（1，6）模态

进行对 4 种方案圆锯片的行波共振分析如下：

方案 1：$P(1，6) = 5943.2\text{Hz}$，计算得：

$$P_f = 6243.2\text{Hz}$$

$$\Delta_1 = |P_f - P| = |6243.2 - 6000| = 243.2\text{Hz}$$

$$\delta_1 = \frac{\Delta_1}{P} = 4.05\%$$

方案 2：$P(1，6) = 6017.7\text{Hz}$，计算得：

$$P_b = 5717.7\text{Hz}$$

$$\Delta_2 = |P_b - P| = |5717.7 - 6000| = 282.3\text{Hz}$$

$$\delta_2 = \frac{\Delta_2}{P} = 4.7\%$$

方案 3：$P(1，6) = 3924.3\text{Hz}$，计算得：

$$P_b = 3624.3\text{Hz}$$

$$\Delta_2 = |P_b - P| = |3624.3 - 3600| = 24.3\text{Hz}$$

$$\delta_2 = \frac{\Delta_2}{P} = 0.675\%$$

方案 4：$P(1，6) = 3958.1\text{Hz}$，计算得：

$$P_b = 3658.1\text{Hz}$$

$$\Delta_2 = |P_b - P| = |3658.1 - 3600 = 58.1\text{Hz}$$

$$\delta_2 = \frac{\Delta_2}{P} = 1.6\%$$

计算四种方案在具有（1，6）模态（1个节圆6个节直径模态）时，行波振动频率与激振力频率的差值以及差值和激振力频率的比值，计算结果列于表9-14。

表 9-14 行波振动频率与激振力频率的差值以及差值和激振力频率的比值

圆锯片编号	1	2	3	4
阶数	37	43	39	43
$P(m, n)/Hz$	5943.2	6017.7	3924.3	3958.1
P_b/Hz	5643.2	5717.7	3624.3	3658.1
P_f/Hz	6243.2	6317.7	4224.3	4258.1
Δ_{min}/Hz	243.2	282.3	24.3	58.1
$\delta_{min}/\%$	4.05	4.7	0.675	1.6

由表9-14可知，方案3出现行波共振。

参 考 文 献

[1] 姚涛, 段国林, 蔡瑾. 圆锯片噪声与振动特性及降噪技术研究综述 [J]. 振动与冲击, 2008, 27 (6): 162-165.

[2] 吉春辉, 刘战强, 刘鲁宁. 圆锯片噪声及其降噪技术的研究进展 [J]. 工具技术, 2010, 44 (80): 3-7.

[3] 邹家祥, 沈祥芬, 熊华, 等. 圆锯片动态特性 [J]. 北京科技大学学报, 1994, 11 (16): 92-97.

[4] Lamb. Noise reduction achieved with slotted blades [J]. Light Metal AGE, 1946, 33: 9-10.

[5] Vobolis J. Experimental studies of wood circular saw forms. Wood Research, 2005, 50 (3): 47-58.

[6] Horner, Sandak, Jakub. The critical rotational speed of circular saw Simple measurement method and its pratical implementations [J]. Journal of Wood Science 1, 2007, 53 (5): 388-393.

[7] 李黎, 习宝田. 圆锯片振动、动态稳定性及其控制技术的研究 [J]. 木工机床, 2002, 2: 5-10.

[8] 郭兴旺. 金属热切圆锯片振动和噪声的研究 [D]. 北京: 北京科技大学: 1981.

[9] 崔文彬. 对开径向槽的圆锯片的动态性能研究 [D]. 北京: 北京林业大学, 1994.

[10] 李传信. 细缝低噪声硬质合金圆锯片的研究 [J]. 吉林林学院学报, 1996, 12 (4): 218-223.

[11] 何艳艳. 激光切缝图形对金刚石圆锯片噪声的影响 [J]. 机械, 2003 (30): 37-40.

[12] 仇君, 王成勇, 胡映宁, 等. 降噪减振结构金刚石圆锯片的有限元模态分析模型 [J]. 工具技术, 2003, 10: 10-13.

[13] Hattori N. Modal analysis of circular diamond saw-blade for deep sawing of granite [J]. Key Engineering Materials, 2006: 315-316.

[14] 中国科学院北京力学研究所. 夹层板壳的弯曲稳定和振动 [M]. 北京: 科学出版社, 1977.

[15] 李黎, 习宝田, 杨永福, 等. 圆锯片振动、动态稳定性及其控制技术的研究 [J]. 设计及研究, 2002 (3): 3-6.

[16] 臧勇. 圆锯片的有限元模态分析 [J]. 重型机械, 2002, 1: 49-52.

[17] 凌桂龙, 李战芬. ANSYS14.0 从入门到精通 [M]. 北京: 清华大学出版社, 2013.

[18] 胡仁喜, 康士延. ANSYS14.0 机械与结构有限元分析 [M]. 北京: 机械工业出版社, 2012.

[19] 任江华, 唐霞辉, 何艳艳. 激光切缝金刚石圆锯片的降噪机理研究 [J]. 金刚石与磨料磨具工程, 2003, 2: 2-5.

[20] 陈博. 新型耐磨消音金刚石圆锯 [D]. 杭州: 浙江工业大学, 2006.

[21] 姚涛. 开槽圆锯片减振降噪机理研究 [D]. 天津: 河北工业大学, 2009.

[22] 刘爱兵, 王全先. 圆盘冷锯机振动原因分析及处理 [J]. 机械工程师, 2009 (1): 21-22.

[23] 马建敏, 黄协清, 陈天宇. 圆盘锯片振动特性的计算分析 [J]. 机械科学与技术, 1999, 18 (3): 366-368.

[24] 沈保罗，章力. 抑制高速圆锯片哨叫声的分析及其应用 [J]. 应用声学，1990, 9 (4)：20-25.

[25] 李黎，习宝田，杨永福. 圆锯片振动、动态稳定性及其控制技术的研究——圆锯片的振动分析和动态稳定性 [J]. 木工机床，2002 (2)：1-6.

[26] 白硕玮，张进生. 薄型锯片锯切硬脆石材横向模型振动 [J]. 农业机械学报，2015, 46：371-378.

[27] 王富可，张朝辉. ANSYS14.0 机械与结构有限元分析从入门到精通 [M]. 北京：机械工业出版社，2012：261-269.

[28] 习宝田. 固有频率在衡量圆锯片稳定性与适张度方面的作用 [J]. 林产工业，1990, 5：12-15.

[29] Bobeczko M S. 锯片上开槽减少噪音 [J]. 李培良，译. 轻金属，1978 (6)：71-72.

[30] 张德臣，孙艳平，杨铭，韩二中. 轧机振动的分析理论与方法 [M]. 北京：冶金工业出版社，2016.

[31] 樊勇. 开槽夹层圆锯片的振动研究及优化设计 [D]. 鞍山：辽宁科技大学，2011.

[32] 孙传涛. 开槽圆锯片振动的研究 [D]. 鞍山：辽宁科技大学，2016.

[33] 王艳天. 开槽和夹层圆锯片的振动与稳定分析 [D]. 鞍山：辽宁科技大学，2018.